5G

Interconnection Of All Things
And
Business Pattern Reforms

5G
万物互联
与商业模式
变革

胡守东/著

中华工商联合出版社

图书在版编目(CIP)数据

5G万物互联与商业模式变革 / 胡守东著. -- 北京：
中华工商联合出版社，2020.4

ISBN 978-7-5158-2987-6

Ⅰ.①5… Ⅱ.①胡… Ⅲ.①第五代移动通信系统-
影响-商业模式-研究 Ⅳ.①TN929.538②F71

中国版本图书馆CIP数据核字（2022）第 053494 号

5G万物互联与商业模式变革

作　　者：胡守东

出 品 人：李　梁

责任编辑：李　瑛　李红霞

排版设计：水日方设计

责任审读：李　征

责任印制：迈致红

出版发行：中华工商联合出版社有限责任公司

印　　刷：北京毅峰迅捷印刷有限公司

版　　次：2022 年 10 月第 1 版

印　　次：2022 年 10 月第 1 次印刷

开　　本：710mm×1020mm　1/16

字　　数：200 千字

印　　张：13.25

书　　号：ISBN 978-7-5158-2987-6

定　　价：48.00 元

服务热线：010－58301130－0（前台）

销售热线：010－58302977（网店部）

　　　　　010－58302166（门店部）

　　　　　010－58302837（馆配部、新媒体部）

　　　　　010－58302813（团购部）

地址邮编：北京市西城区西环广场 A 座
　　　　　19－20 层，100044

http://www.chgslcbs.cn

投稿热线：010－58302907（总编室）

投稿邮箱：1621239583@qq.com

序言
PREFACE

　　自从4G技术引领移动互联网的发展浪潮之后，人们发现自己的生活被彻底地改变了：一刻也离不开手机，能用手机操作的事情就不再会用其他设备……的确，越来越多的人正在享受移动通信所带来的服务，因此在5G时代即将来临时，人们更是对它寄予了更多的期待。那么，5G到底为何如此重要呢？它会比4G更深度地影响我们的生活中吗？

　　答案当然是肯定的。

　　简单回顾一下可知，每一代移动通信技术的进步都是人类智慧的结晶。1G时代解决了通信的移动化，极大地提高了人类信息通信的能力；2G时代让人类进入数字通信，在传输语音的同时可以传输短消息；3G时代推动人类进入数据通信时代，手机不再只是一个打电话发短信的工具，还可以实现额外的娱乐功能；4G时代所产生的社交、移动支付等功能正是今天人们正在广泛使用的……移动通信技术的发展给人类社会带来很多有价值的改变。

　　在4G刚刚进入商用时，缺少与之相匹配的应用和服务，所以用户觉得百兆宽带过于奢侈，而高速率带来的大流量也让人担心资费太贵，然而短短几年人们就适应了4G时代，毕竟移动支付和短视频应是刚需。同理，人们对5G时代的认识也从曾经的担心变成如今的重视，因为人们都听过一种声音：5G技术将会演变为一种改变世界的新力量，它不能被简单地看成是4G技术的升级版，而是为新时代的大数据和人工智能提供了底层技术，它将会和这个时代的半导体、通信、智能硬件等行业分别融合，形成针对性不同的应用，让传统行业在颠覆中变革，让人们感知到万物互联的意义所在。

万物互联颠覆了我们熟悉的生活方式，它以5G技术为背后支撑点，重塑人与人、人与物、物与物乃至人与世界的关系，为人类社会带来效率的提高和能力的增强，将会深层次影响文明的进步与社会的发展，这一切都离不开5G技术的成熟和5G网络的推广。

目前人们对5G的认识还是比较粗浅的，最朴素的认识就是"5G比4G快"，但其实这些只是5G技术革新中的一小部分而已。正是因为人们对5G不够了解，所以本书才着重讲述5G带给人类社会的真正价值是什么，此外还围绕5G和通信技术有关的一些热门话题，让读者不仅了解5G技术本身，还能间接地看清世界移动通信技术是如何一步步发展到今天的，让我们既能回顾过去，也可以展望未来。

过去的时代，通信技术能够给人类社会的帮助是有局限的，不过是在基本的通信能力之外附加了一些娱乐属性，而让通信和传统产业融合在一起则存在困难。但5G时代不同，它会构建一个万物互联的全新时代，进而渗透到各行各业以及社会生活中的每一个角落，让世界变得更加美好。

目录
CONTENTS

第一章

CHAPTER 01

满足人类沟通的渴望

1 1G模拟通信，美国开启移动时代

移动电话的出现，让世界进一步缩小了，人与人之间的距离更近了，人们可以随时随地和远在万里之外的人沟通，而这不得不提到第一代移动通信系统。

关于1G模拟通信，相信一些人会想起一个很特别的移动电话——大哥大。和现在的智能手机相比，它显然更加"单纯"，它最主要的作用就是通话服务，因为整个1G时代的通信系统主要为用户提供的就是模拟语音业务。

提到模拟通信，不得不提一个概念——蜂窝系统，它是在20世纪60年代由大名鼎鼎的美国贝尔实验室提出的，但这一理论的实践是伴随着70年代的半导体技术逐渐发展的，而移动通信的发展和变革在欧美和日本社会几乎同步进行，虽然这些区域采用的标准不同，但都是基于模拟蜂窝技术，所以统称为第一代移动通信技术（First Generation wirelesstelephone technology），也就是我们所说的"1G"。

　　和后面的2G、3G等名词相比，1G其实是一个反推而出的概念，因为当时出现模拟系统之后并没有明确提出进行演进的计划，而2G和3G的概念则是在GSM和CDMA开启商用功能之后，由于国际电信联盟提出了3G计划，所以人们才知道上一代可以归纳为2G，于是也就以此类推出了1G，所以更多时候人们还是将1G称作模拟系统。

　　蜂窝技术到底有哪些革命性的突破呢？主要体现在蜂窝式组网放弃了点对点传输和广播覆盖模式，把一个移动通信服务区分为许多以正六边形为基本几何图形的覆盖区域，看上去很像是蜂巢，这些单独的区域就被称为蜂窝小区，一个功率较低的发射机服务一个蜂窝小区，而在一个相对较小的区域内就可以设置一定数量的用户，如果后续想要增加服务用户的数量，只需要在一个服务区里多建立几个基站就能实现容量的提升了。打个比方，蜂窝技术就是在一大片区域中勾勒出了基本轮廓，想要获得更清晰的图像只需要不断添加细节即可，而如果是点对点传输就是在一片区域中无穷尽地增加点与线，效率低下，也无法进行有效的规划和调整。

　　在蜂窝技术中，频率也是一个绕不开的概念，它指的是蜂窝系统的基站工作频率。因为基站的信号传播损耗只能覆盖一定的距离，在相隔一定距离的另一个基站可以重复使用同一组工作频率，这个概念被称为频率复用。打个比方，在一个拥有几十万人口的城市中，如果每个用户都有自己的频道频率，就需要极为广大的频谱资源去服务它，而频率复用就是可以实现交集和共享，减缓了对资源的需求，提高了工作效率，甚至可以说这种分配方式能够无限可用。因此，频率是移动通信系统的核心，它的特点是频段越低，基站发出的信号就越远，也就是说450M的频段比800M的频段覆盖得更远。

1976年，美国摩托罗拉公司的工程师马丁·库帕首先将无线电应用于移动电话，就在同一年，国际无线电大会批准了800/900MHz频段，该频段应用于移动电话的频率分配方案。1978年底，贝尔试验室研制出了世界首个移动蜂窝电话系统，1979年开通测试网络，由于频率未能获得美国联邦通信委员会的正式划定，所以首个商用网络是在日本，后来才在全美推广并大获成功，至此开始一直持续到80年代中期。

1G时代可谓百花齐放，当时许多国家都开始建设基于频分复用技术和模拟调制技术的第一代移动通信系统，只不过不同的国家都有不同的标准，比如联邦德国在1984年完成的C网络，英国在1985年开发900MHz频段的全接入通信系统，颇有一种群雄混战的感觉。

在移动通信的发展史上，蜂窝技术毫无疑问是一次伟大革命，它的频率复用概念极大地提高了频率利用率，同时也扩大了系统容量。这种智能化的网络实现了越区转接和漫游功能，可以吸引更多的用户加入，也为运营商的收入增长提供了保障。

随着时间的推移，美国开发的AMPS制式的移动通信系统最终在世界范围内影响力占据榜首，一度在超过72个国家和地区展开运营，甚至到了1997年仍然被一些地方使用，能够与之比肩的是英国的TACS制式1G系统，在将近30个国家使用，成为当时世界上最具影响力的两大1G系统。

客观地讲，多种系统并存对市场并不是一件好事，因为一旦国家或者一个运营商指定了一个标准之后，通常情况下会继续按照这个标准进行扩容和新建，这就会强化该标准的独特性，导致不同国家和区域之间无法兼容信号，自然就不能实现漫游这类功能。因此，"大一统"成为移动通信快速发展的客观要求。

和欧美国家相比，中国的1G模拟移动通信系统起步较晚，是在1987年11月18日开通并正式商用的，采用的是英国的TACS制式，而它在中国的使用周期长达14年，用户数量最高达到了660万。

1G模拟通信虽然已经退出了历史舞台，但是它的诞生开启了一个新时代，移动通信不仅是一种技术革命，更是推动人类社会在各个方面朝着新的层级跃迁。

2　2G数字通信，展现数字之美

1G模拟通信让人们可以跨越国家和地区，和另一个远在天边的人沟通，这极大满足了人们对移动通信的需求。但这种功能毕竟单一，它只能提供语音上的联络，而人类的沟通还有文字上的交流，这是1G时代无法实现的，因此随着技术的发展和市场的需求反馈，2G时代来临了。

2G的通信技术规格以数字语音传输技术为核心，所谓"数字"，指的是不仅能够通话还可以发送短信，当然彼时的短信只能是纯粹的文字，还不能发送图片，而直到进入2.5G时代才可以发送彩信，也能上网（当然和后来的3G、4G时代的上网体验差别巨大）。

1991年，爱立信和诺基亚在欧洲建立了世界首个全球移动通信系统——GSM网络，在芬兰正式投入商业运营，意味着2G时代的正式到来。当数字通信的这阵技术"狂风"刮起之后，欧洲各国马上意识到一个关键问题：标准如何统一。因为在1G时代，欧洲各个国家闭门造车，不相往来，导致技术力量和技术标准严重分散，最终败给了美国，所以在进入2G时代以后欧洲吸取了1G时代的教训，在1992年，由欧洲标准化委员会出台统一标准，正式将数字通信技术和统一的网络定为标准，同时开发更多的新业务给用户。当然，这场技术之争和国际政治密不可分，因为欧盟一直在和美国进行较量，所以早在1982年，欧洲邮电管理委员会就成立了移动专家组，致力于研究通信标准。

什么是GSM技术呢？它的技术核心是时多分址（TDMA，Time Division Multiple Access），简单说就是将一个信道分给8个通话者，一次只能一个人讲话，每个人轮流使用八分之一的信道时间。之所以制定这种模式，是因为它的架构容易操控，可以更方便地实现国际漫游功能。由于采用数字编码取代原来的模拟信号，2G时代最显著的特征是支持发送160字长度的短信。

在欧盟忙于统一标准的时候，美国也没有滞后。1985年，一家成立于圣迭戈的公司开始研发CDMA无线数字通信系统，后来这家公司发展为今天如雷贯耳的高通。与此同时，日本也开始做移动通信业务，制定出了PHS标准，成为后来小灵通的技术来源。至此，欧洲、美国和日本各自拥有一套标准，它们成为20世纪80～90年代的主要角色。相比之下，欧洲各国此时异常团结，抢到了先机，导致CDMA缺乏市场竞争力，因为当时的高通还没有制造手机的经验，欧洲的运营商不接纳它，连媒体也更偏向宣传GSM，所以在2G时代，美国的CDMA标准是处于弱势地位的，一改在1G时代的优势地位。

城门失火，殃及池鱼。随着CDMA逐渐被唱衰，摩托罗拉的发展也被笼罩了一层阴影，虽然当时摩托罗拉的模拟移动电话依然占据40%的市场份额，然而在移动数字电话市场的占比却少得可怜，很快就从曾经垄断1G时代的宝座上跌落下来，而对它造成致命一击的就是那家来自芬兰的依靠伐木造纸技术起家的诺基亚。

诺基亚的崛起，几乎成为2G时代的重要标签，当时无论是创新性还是体验性都成为手机界的翘楚，特别是它的耐摔耐用属性成为流传多年的趣谈，虽然同时代的爱立信和索尼也曾经拿下辉煌的战绩，但依然在诺基亚面前略逊一筹。

对于消费者来说，2G时代的来临意味着手机开始从高档商品走向千家万户，不再像"大哥大"时代那样是一种身份的象征，因为手机的研发和制造成本大幅度降低了，虽然不能和今天的价格相比，但购买一部手机不再是一种奢望。

2G时代，中国依然面临着一个问题：到底选择接入哪一种移动通信的标准，当时中国的邮电部部长吴基传首先否定了PHS，在他看来这种技术的发展前景不好，成本高，传输效果差，在中国的本地适应程度也不够。随着1994年中国电信改革的开始，中国联通诞生，在成立的几个月后很快宣布在国内的30个省会级城市部署GSM，接着中国邮电部在河北廊坊召开了紧急会议，经过讨论宣布在中国的50个城市部署GSM，2G时代正式在中国开启。在此之后，中国出于加入世界贸易组织的需求，中国联通又新增了一个CDMA网络。

如果说1G时代是群雄混战之后有王者胜出，那么2G时代就是一超一强对峙，GSM占据绝对优势，但CDMA也并未放弃开拓市场，从中也不难发现：决定移动通信标准的不单单是技术问题，还有背后依靠的国家力量和地区合作，甚至在国际关系中成为谈判砝码。对欧盟而言，各大国痛定思痛，赶上了2G时代的技术浪潮，通过建立国际组织统一标准，促进了欧洲的经济发展。当然，美国虽然在2G时代落后一步，但在同时期的互联网时代却占据了操作系统、中央处理器等技术优势，这场纷争已经扩散到了多个领域，大家最终争夺的是不同领域的话语权。

和1G时代相比，数字通信展示出数字之美，让人们在语音交流之外多了文字交流，但人的欲望是很难被满足的，随着用户基数的扩大，2G的容量进入瓶颈，而多媒体的兴起也让用户产生了新的需求反馈：仅有语音和文字和世界互动是不够的，人们还需要更丰富的交互内容和交互方式。于是，一次新的技术迭代又开始了。

3 3G移动互联，大国崛起

毫无疑问，3G时代是一个更加丰富多彩的时代，和1G、2G时代相比，3G技术主要是将无线通信和国际互联网等通信技术全面结合，由此形成了一种全新的移动通信系统，它已经不再局限于语音和文字的传输，还可以处理图像和音乐等媒体形式，此外还囊括了电话会议等商务功能。当然，为了支撑这些新增的功能，无线网络能够对不同数据传输的速度充分支持，确保无论是在室内还是户外等环境下都能提供最少为2Mbps、384kbps以及144kbps的数据传输速度，这意味着用户可以随时随地了解并分享多媒体信息。

其实，在2G时代后期，用户的需求意味着需要诞生一种新的频谱、新的标准和更快的数据传输，而3G技术的出现，离不开电话（电路交换和分组交换）、数据（IP和ATM）和无线，它们编织成了一个开放和统一的技术网络。即使到了今天，在日常应用当中3G网络除了较慢一点之外也能应付使用，足见其在当时的进步性。

充满戏剧色彩的是，2G时代美国落后于欧洲，而在3G时代，CDMA系统凭借其频率规划简单、系统容量大、频率复用系数高，以及抗多径能力强等多方面的优势，展现出强大的发展潜力，简单说它更符合3G网络对多媒体技术的依赖。因此国际电信联盟在2000年5月确定WCDMA、CDMA2000、TD-SCDMA三大主流无线接口标准。

WCDMA是源于欧洲的标准，其底层设计来自GSM，当时欧洲和日本提出的宽带CDMA基本相同并进行了融合，基于2G时代GSM的市场占比优势，让WCDMA先人一步，成为终端种类中内容最为丰富的3G标准，占据全球80%以上的市场份额。WCDMA的支持者有爱立信、阿尔卡特、诺基亚，以及日本的富士通、夏普等厂商。

CDMA2000是源于美国的标准，由窄带CDMA（CDMAIS95）技术发展而来的宽带CDMA技术，主要在高通北美公司的主导下提出的，支持者有摩托罗拉和韩国的三星等企业。不过，从市场占有率上看，CDMA2000依然不如WCDMA多。

TD-SCDMA是源于中国的标准，由中国大陆独自制定，不过该技术来自西门子公司，由于TD-SCDMA的低辐射而被称为"绿色3G"。这个标准的特质是可以不经过2.5代的中间环节直接向3G过渡，非常适合从GSM系统升级为3G，但是从技术层面看比WCDMA和CDMA2000都要弱一些。

2007年，国际电信联盟又确定了第四大标准——WiMAX，它又叫作"802·16无线城域网"，是一种专门为企业和家庭用户提供的宽带无线连接方案，后来定位成3.5G。

总的来说，虽然3G时代的标准依然没有统一，但即使是不懂行的人，也能从这些标准的名称上看到CDMA的影响力，虽然美国在市场占比上仍然落后，但从技术研发的角度看还是走在了时代的前列。

日本是当时3G网络起步最早的国家，早在2000年12月就以招标的方式颁发了3G牌照，在第二年的10月开通了全球首个WCDMA服务。相比于这个邻国，中国直到2009年的1月7日才颁发了3张3G牌照，分别是中国移动的TD-SCDMA、中国联通的WCDMA和中国电信的WCDMA2000。

从当时的发展环境来看，中国在3G时代是处于不利地位的，因为TD-SCDMA标准的先天不成熟，导致手机芯片也尚未成熟，这又造成了在3G时代的技术掌控力变弱，而在经历了1G和2G时代以后，中国也认识到移动通信标准之争其实是大国博弈，落后就意味着失去话语权和影响力。

1997年，国际电信联盟发文征集3G提案并在1998年6月30日截止。当时中国接到征集函以后就产生了有关"中国要不要做、究竟怎么做"的讨论，因为中国在移动通信领域完全是小学生，今天的华为和中兴在彼时主要生产程控交换机设备，至于GSM设备还在研制开发中，尚未成形。于是在众多讨论的声音中，出现了很多怀疑甚至是悲观的声音，然而中国邮电部高层还是给出了最终结论："中国发展移动通信事业不能永远靠国外的技术，总得有个第一次，第一次可能不会成功，但会留下宝贵的经验，我支持他们把TD-SCDMA提到国际上去，如果真失败了，我们也看作是一次胜利，一次中国人敢于创新的尝试，也为国家做出了贡献。"后来的事实证明，这是高瞻远瞩的决定。

需要注意的是，当时中国的TD-SCDMA并非一个整体，而是被分为两个部分：中国的SCDMA和西门子的TD-CDMA技术。

实际上，西门子和中国合作，主要是因为在欧洲的初步技术筛选中败给了以爱立信和诺基亚为代表的WCDMA阵营，而中国当时申请TD-SCDMA的技术专利数量不够，正好就购买了西门子的TD-CDMA技术，于是才有了后来的TD-SCDMA。自然，这种本来就被淘汰出局的通信标准必然存在问题，无论怎么优化都不能和其他3G标准处于同一量级。

虽然买来的技术存在问题，但是中国并没有放弃，2008年4月，相关人员提出让中国移动来做TD-SCDMA，将这一技术优化，缩短和其他3G标准的差距。于是，中国移动自掏腰包6.5亿元让手机芯片企业开发出适用于TD-SCDMA的芯片。到了2010年事情有了转机，随着智能终端的出现，移动互联网时代来临，一众手机APP如雨后春笋般出现，中国移动电话的用户数量激增，在2011年上半年就接近3.2亿的庞大规模，其中移动互联网用户比例接近40%，超过了美国。于是，在3G时代接近落幕时，中国也从对移动通信的模糊认识升级为构建清晰宏远的战略规划，一个逐渐完整的移动通信工业体系建立起来，中国也逐渐从追随者变为全球移动通信领域的并跑者，大国崛起的序曲也随之奏响。

4 4G移动宽带，网络改变生活

对于当代的年轻人来说，4G是他们最熟悉的时代，这主要是人们在4G时代感受到的上网体验远超出3G时代，它是一个真正让移动互联网变为现实的巨大进步。在3G时代，人们虽然也可以移动上网，但论效率和体验无法和PC端相比，所以人们更多的还是在固定的场所、固定的设备中"网上冲浪"，而4G时代提升了移动通信的传输速度，特别是对于中国来说，我国的通信企业在这个时代中的表现是很多国家望尘莫及的，也为在5G时代的领先奠定了基础。

让时间倒回到2010年，这一年被认为是4G元年，因为当时海外主流运营商对其进行了规模化的布局，与之同步的就是"智能手机"的大量涌现，让人们逐渐淘汰了使用多年的功能机。不过，中国的手机市场还是处于3G时代的尾声狂欢阶段，在2010年之后的两三年里，中国的智能手机市场泛滥成灾，出现了很多山寨机，其中最出名的就是仿冒3GiPhone的所谓智能样板机，价格便宜，也能对付使用，成为不少低收入人群的选择。

从整体来看，当时国内出现的3G智能手机技术并不成熟，而且普及程度也不够理想，在很多乡村依然有人使用2G网络，甚至是半功能半智能机，呈现出一种鱼龙混杂的过渡景象。最重要的是，当时的3G流量价格昂贵，经常会爆出"天价流量费"的新闻，导致人们在小心翼翼地移动上网，更多依赖的还是PC端的设备。

当然，有人忧愁就有人欢喜，虽然3G上网存在一些问题，但是它所带来的新鲜体验还是让一些用户预感到一个新时代的来临。2012年，国家工业和信息化部部长表示：4G的脚步越来越近，4G牌照在未来一年左右时间中就会下发。到了第二年，"谷歌光纤概念"在全球发酵，先是在美国国内获得成功，随后推向非洲和东南亚等地区，为正在建设的全球4G网络添砖加瓦。同年12月4日，中国正式向三大运营商发布4G牌照，中国移动、中国电信和中国联通均获得TD-LTE牌照。

如果说2013年是中国4G开启的年份，那么4G真正走向大众的还是在2014年。这年1月，京津城际高铁作为全国首条实现移动4G网络全覆盖的铁路，实现了300公里时速高铁场景下的数据业务高速下载。打个比方，下载一部2G大小的高清电影不过几分钟，而且原来的3G信号不仅没被弱化反而得到了加强。当然，广大用户最担心的资费问题也逐渐得到解决，中国移动在当年7月实施清晰透明的订购收费，降低4G资费的门槛。

2015年，伴随着4G网络的逐步铺开，智能手机的用户数量也快速增长，其中4G网络用户更是呈现出爆发式的增长，当年全世界的电话用户总数已经超过了人口基数。在中国，与4G同步快速发展的还有手游市场，比如王者荣耀正是在这一年上线的，成为很多人握在掌中的休闲娱乐项目。在之后的两年里，随着中国家用宽带网速提高降费，用户对网络应用的获取变得更加自由和随意，不再像过去的互联网时代那样焦急地等着一首歌、一张图片的下载，不过这些变化也不都是让用户满意的，最典型的就是各种应用的体量随之增加，比如高清音质的音乐文件几十MB，而过去MP3时代只有几MB，各类网页特别是购物类网页的设计更加丰富花哨，所需要的流量也更多。与此同时，用户的注意力也不再局限于传统的门户网站，大量自媒体的出现扩大了文化传播的覆盖范围。

2018年上半年，中国的4G用户总数达到了11.1亿户，在所有移动电话用户中占比73.5%，4G时代达到了一个巅峰。

如果说3G时代更像是承前启后的时代，那么4G时代则是移动通信网络的高光时刻，虽然从技术层面它必然会被之后的新时代所超越，但是它带给人们的颠覆性体验是不可替代的，人们生活在4G时代，能够充分地和每一个人进行互动。这种互动已经不再局限于传统的社交，而是成为信息资讯的分享，比如A在某地拍摄了一段视频，马上就分享给外地的B，B转发给当地的朋友，人们这才知道外地发生了某件事，而这件事在传统互联网媒体上还未被报道，这种信息分享就融入新闻属性。准确地说，每个人都成为移动互联网的接入点，可以随时上传新的信息，人们不再是被动地接受网络上现有的资源，而是可以分享和加工。

4G时代，人们不再孤独，但也有机会变得更孤独。不再孤独是因为你随时随地都能和别人沟通，这个世界是绝对开放的，你不会因为地缘问题而被外界孤立，只要你愿意，就可以随时了解世界最新潮的资讯，甚至你都不需要一台电脑，只要一部手机就可以实现大部分的日常应用。当然与之对应的是，更多的人进入了"活在线下，关注在线上"的状态，也就是基本的生理需求要在线下满足，但注意力都放在线上，让一些不爱社交的人进一步远离人群，通过移动互联网去经营线上社交生活。

当网络改变了人类的生活，人类也会进一步去优化网络，尤其是那些开始习惯移动互联网的人群来说，这些全新的体验只是打开了多个大门，并没有将每个环节都提升到极致，于是他们又在翘首期盼一场更具有划时代意义的技术变革。

5 星罗棋布，中国通信的布局

从1G时代到4G时代，人与人的沟通问题、人与世界的交互问题被逐步解决，人类获取信息和分享信息的方式发生了重大改变，人们的生活方式也呈现出多样化，所以站在技术前沿的人很早就预料到，未来的移动通信技术会诞生一个万物互联的世界，也就是不再局限于人和世界，而是世界中的有生命体和非生命体都能实现一种连接，这种连接是高度智能化的，是真正颠覆我们认识世界的开始。

2021年11月11日，中国移动通信联合会"元宇宙产业委员会"举办揭牌仪式，标志着中国第一家元宇宙行业协会正式成立，中国移动、中国联通、中国电信等运营商都在其中。

"元宇宙"一词最早见于1992年的科幻小说《雪崩》，该书描绘了一个庞大的虚拟现实世界，在这个时代中每个人都用数字化身来控制，通过激烈的竞争提升自己的地位。这个创意在当时被看成是天马行空的幻想，但随着移动互联网技术的成熟，人们逐渐意识到这很可能就是未来发展的趋势。当然，还有一种说法将"元宇宙"的概念追溯到1981年的小说《真名实姓》中，这部小说描绘了一个通过脑机接口获得虚拟感官体验的新世界。当然，不论是出自哪部作品，"元宇宙"的基本概念是一致的，它就是一个借助高科技手段完成现实世界和虚拟世界的数字生活空间。

在4G时代，很多人已经将大部分的注意力放在互联网上，这其实表达了人们认可虚拟世界在生命中的重要地位，而元宇宙就是将这种体验提升到更高维度的概念，也可以理解为4G时代之后的技术迭代方向，它通过提供给人们更有沉浸式的体验彻底模糊现实与虚拟的边界，很可能颠覆人类对"生命""人生""真实"等概念的认知。

元宇宙是一个包罗万象的超大命题，中国也开始重视围绕这一概念的技术研发和产业布局。现在，中国的三大运营商已经先后进入元宇宙赛道，开始了瞄准终点的全力赛跑。当然，由于元宇宙这个概念具有一定的空泛性和可解读性，不同国家、不同行业对其的理解也存在差异，狭义的元宇宙可以是替代现实世界的虚拟世界，而广义的元宇宙可以只是一个虚拟的小世界、小场景甚至是一个小功能，比如在商业、游戏等领域的虚拟现实技术的运用，这些可以作为对元宇宙的一种探索进行初步的尝试。

无论元宇宙最终被人类塑造成何种模样，它所需要的底层技术是可以确定的，那就是算力和连接，一个决定了虚拟世界的架构程度，另一个决定了现实世界和虚拟世界的匹配程度。因此，我们不能简单地将元宇宙定位成下一个时代的技术标准，而是应该理解为一个被用户寄语期待的目标。

当然，实现元宇宙的最直接途径就是5G技术，因为它能够决定"算力"和"连接"这两项指标的高低：信息传输速度不够就会影响到算力，而信息传输方式也会影响到连接的体验感。因此，5G时代谁能成为领跑者至关重要。

回顾从1G到4G时代，有关标准的斗争既推动了技术革新也造成了区域壁垒，所以2016年举行了第一届全球5G大会，会议探讨了一个重要议题就是要形成全球统一的5G国际标准。实际上，世界上有能力研发移动通信技术的国家都知道，5G时代如果还是各自为战的话，那就不可能真正实现万物互联，有的只是区域内的万物互联，而元宇宙也会被分割为若干个，因为如果继续存在标准差异，如何能达成无限连接的目标呢？因此，5G技术只有站在全球化的角度看才有现实意义，否则5G就成为4G的升级版，而并非一次技术革新。

事实上，关于如何布局5G时代的发展策略，中国早已做好了准备，在"863计划"和国家科技重大专项对5G的支持下，从2014年开始就先后完成了总体技术、网络架构、频谱等研究。2015年，《中国制造2025》的发布更是宣告了全面突破5G技术的重要战略部署，国务院发布的《"十三五"规划纲要》中也清晰地指出要积极推进5G发展。

　　中国之所以积极布局5G，是因为中国的移动通信产业已经取得了长足的进步，占据绝对优势的网络规模和用户数量就是基本盘，这些不能仅仅被看成是移动通信网络和用户，它们代表着支撑各国未来经济发展的基础设施，而中国制造也正在从劳动密集型、资源密集型向知识密集型和资本密集型的转化中发展，5G技术将起到至关重要的推动作用。

　　既然万物互联会让我们的生活衍生出无限种可能，那么中国必然要在供给侧改革的大背景下，集国家之力，做好5G的顶层设计，推动5G标准的制定，胸有成竹地迎接5G时代的到来。那时，被重塑的将不仅是人们与世界万物的关系，还有中国在全球化格局中的地位和影响力，而5G就是一辆能够搭载我们抵达这一终点的高速列车。

第二章

CHAPTER 02

我们为什么需要 5G

⟨1⟩ 4G的技术痛点

在很多人看来，4G时代的人们已经充分享受到移动互联网的高效和便捷，似乎已经是一次完美的技术迭代了，但其实深究起来，4G仍然存在着一些技术痛点，它并没有真正宣告人类进入了一个绝对自由自主的互联世界。

第一，市场难以消化。

前面我们讲过，3G技术对于网络需求不高的人是可以正常使用的，这意味着3G用户留存了相当大的基数，这个基数意味着4G想要取代它需要时间，毕竟对需求不高的人来说，网页打开快几秒、下载速度少几分钟都无所谓，因为他们更依赖的还是传统的语音通话功能，在低要求的前提下4G的优势就不那么明显了。相比之下，如果用5G技术去冲击3G技术，那么它的优势就更加突出，因为5G代表着一种质的飞跃，不单单是传输速度快多少的问题，它能够创造出基于元宇宙概念的新功能，这对低需求用户的消费刺激程度也有很大不同。而且，随着5G和4G技术的同步铺开，4G有可能被边缘化和模糊化，这些都不利于新市场的开拓。

第二，传输速度不够理想。

虽然和3G相比，4G的传输速度足够快，但这还是局限于基站覆盖较多的大中城市，一旦进入到乡间、山区等人口稀少、基站覆盖不足的地方，信号和传输速度就会大打折扣，特别是在遭遇障碍物的时候，4G信号的穿透是一个技术难题。而且不同基站之间还很难实现无缝化的交接和切换，让信号的传输断断续续，这主要与4G网络的复杂架构有关。

第三，系统容量有限。

尽管对于普通用户来说，4G的下载速度足够使用，理论传输宽带速度是每秒 100Mbps，但在实际使用中，会受到通信系统容量的限制，手机用户越多，速度就越慢，这好比让一辆大马力的跑车驶入拥挤的小胡同，无法发挥其应有的速度。那么，随着移动互联网的用户增多，这个基数不会减少，既然用户数量不能下降，唯一能改变的就是增加系统的容量或者妥善解决二者之间的冲突，这样才能确保每一个用户获得高质量的上网体验。

第四，标准并不统一。

尽管CDMA成为底层技术，但根植于之上的衍生技术并不相同，美国、欧洲和中国仍然存在着一些差距，因为缺乏统一的国际标准，导致各种移动通信提供难以兼容，这对于手机用户来说很不方便，人们在更换手机时必须要考虑到新手机是否支持之前的运营商，因此不少人都倾向于"双卡双待"这样兼容性更强的手机。显而易见，人类渴望的万物互联时代不应该受到标准的限制，这意味着世界将被继续分割，人们不过是在不同的小世界里实现区域性的万物互联，这并不能满足人们对一个"万物"的认知。

第五，设备更新缓慢。

3G时代，全球建立了大部分的无线基础设施，这些都是针对3G技术量身打造的，而如果4G要完全取代3G技术，就要耗费高昂的成本更新这些基础设施。这对于一个国家、一个企业来说都是巨大的成本，必然会在某些地方产生阻碍和降速，无法让4G技术全面铺开，因为这意味着要让3G通信终端能够顺利升级到4G终端，也就是拆除或更换一个3G设备以后，新的4G设备必须马上补位，不能出现真空期，这在客观上也提高了对4G终端设备生存速度的要求，会牵扯到更多的制造商和更多的供应链，难度可想而知。因此4G想要迅速占领市场只能是一种美好的预期。

第六，软件匹配脱节。

随着智能手机越来越强大，无线通信网络也变得日益复杂，如果4G技术想要进一步推广，就必须让相应的软件跟得上它更新的速度，否则即便有了技术突破也无用武之地。但问题在于，软件的研发和推广也需要投入成本和时间，而对于用户来说，改变之前的使用习惯去接受一个新软件或者一个新功能，这都不是一蹴而就的，其中必然还会牵涉到软件公司之间的博弈、舆论导向和市场风向等多种因素。

4G技术让人类体验到了全新的移动互联时代，但从历史发展的角度看，它似乎注定会成为一个特殊的过渡产物，毕竟当5G技术出现在大众视野之后，4G原有的光环就被进一步冲淡了，它能否在

3G和5G之间起到重要的桥接作用，或许才是对时代发展更有意义的一面了。

2 时代在召唤，5G应运而生

当越来越多的人对4G表示出不满时，5G时代的到来似乎就理所应当了。

5G是第五代通信技术的简称，和过去的3G和4G技术相比，它在网络性能上有了飞速的提升。体验最直接的就是传输比4G快百倍。从理论上讲，一部10GB大小的电影只需要1秒钟就能下载完毕。而且5G拥有比4G更大的容量和更低的延迟，很多人都会在浏览网页时感觉到网络延迟的时候，而5G技术会将延迟缩小到1毫秒，而这个时间对人类来说是几乎感知不到的。另外在容量上，5G也会更加"宽容"，它不会像4G时代人口稠密的地区信号通道被拥堵，而是让用户依旧享受到迅速的网络信号。

其实，我们理解的万物互联，最直观的感受就是畅快，这就像是我们和一个朋友沟通，喊了对方的名字，对方马上回应我们；再比如我们按动按钮，一台电器就被启动。只有这种流畅的交互才能让我们感知到万物处于互联的状态，而5G恰好能够满足人类的这一需求。

从5G的技术特点来看，它需要建立较多的基站地址来实现良好的信号覆盖和网络质量，而中国的工信部已经发布了5G的频率标准——3.5GHz和4.9GHz两个频段，它们都比目前3G、4G网络的频段要高，这意味着对基站的需求量会更大，必须提前进行基站网址的规划和资源储备。目前，中国电信、中国移动、中国联通三大通信运营商已经开始在大部分城市进行5G实验网的建设和应用，即使没有被纳入网点的城市也着手进行了准备，因为中国绝不能在5G时代掉队。

回顾4G时代，比拼得更多的是国内市场的天时、地利、人和，而5G时代则需要以全球化这个更大的格局为前提，直面世界上其他巨头的正面挑战。

美国时间2016年11月17日凌晨0点45分，在3GPP RAN1 87次会议的5G短码方案讨论中，华为的极化码（Polar Code）方案最后胜出，成为5G控制信道eMBB场景编码的终极方案，虽然数据信道的上行和下行短码方案仍然归属高通的LDPC码，但对中国而言这已经是一次重大的胜利了，毕竟我们在1G、2G和3G时代一直落后于其他国家。当然，这个结果也不纯粹是技术比对的结果，而是出于制衡的考虑，既不让高通在标准制定上继续保持垄断地位，同时也要限制手机用户占全球三分之一的中国后来居上。

在这次编码竞选的过程中，中国通信行业凝心聚力，华为带领51家公司同签，而高通只获得37家公司的支持，所以位居第二。在重要的投票中，华为在国内的竞争对手给予了重要支持，比如中兴，此外还有当时中国的三大运营商、大唐电信、小米、酷派等公司也支持了华为，所以华为的Polar码才能击败美国主推的LDPC和法国主推的Turbo2.0两大强敌。

从世界移动通信事业的发展角度看，5G迎合了人类构建万物互联的需求，而从中国自身的角度看，我们积极地推动5G技术全面铺开，也是为了确立我们在国际通信领域中的重要地位，甚至是在政治、经济和外交上的影响力。Polar码能够成为国际标准，也代表以华为为首的中国通信企业拥有了在5G时代关键通信技术领域的话语权。

在4G时代，中国的经济发展水平逐步提高，所以有能力也有必要去布局5G。5G技术不仅是现代人类社会的召唤，更是中国崛起的必然选择，而对于中国各家通信企业来说，尽早入场就能尽快地将前期投入转化为技术上的先发优势，未来可以在专利授权上占据不可动摇的地位。

从1G时代到4G时代，人们的沟通方式被改变，认识世界的方式也被改变，而5G则不仅包含上述两个内容，还增加了我们与世界的交互和操控的新体验，因此它是具有划时代的意义。其高速、高稳、高连接的特性，都将对很多行业具有颠覆性。

当然，对一些普通用户来说，1秒钟下完10GB的电影似乎并非是刚需，但我们不能忽视5G技术重塑人类生活的推动力量。5G技术将会对相关产业带来革命性的突破，比如基于5G网络承载的智能网联汽车应用业务、无人机概念性应用，以及无线高清视频监控应用等，这些变革有的不会被普通用户直接感受到，有的可能感知不明显，但它们的广泛应用是会促进相关行业的升级和转型，而在此之后必然会诞生适合5G时代使用的产品和服务，一旦这些产品和服务趋于成形，在投入市场之后就会给用户新的选择和体验。

曾经有专家一语道破："4G改变了生活，5G将改变我们的社会。"的确，生活的改变是直观的，而社会的改变则是宏观的，它不会第一时间让用户发现5G有多么强大，当5G真的重塑社会之后，用户才会突然发现自己已经进入了一个新的时代，因为5G所带来的是人类社会的一场通信彻底革命，每个领域都可能得到重生。

3 5G技术，在发展中创新

为什么说5G不是4G的升级呢？因为5G技术本身存在着重大的创新，这种创新不是简单地提升传输速度，而是催生出一种新的操控方式，而这恰恰是人类社会未来走向变革的新风向。一旦5G技术在未来世界得到广泛应用，那么我们使用的每一个物件都会被安装上传感器，从而实现人与物、物与物之间的信息传递，这样一来就能突破时空限制。

想象一下，当你清晨从睡梦中醒来，想要一睹明媚的阳光，只要发出语音指令，窗帘就会被拉起来，房间里的扫地机器人也开始清洁工作，厨房里的微波炉开始热菜，水壶里的水也会自动烧开……这种智能化的场景不仅局限在你的家，你的车内也会变成一个自动办公的场景，能够向你告知今天要做的所有工作，你也不必扶着方向盘去驾驶汽车，而是可以腾出更宝贵的时间去处理工作。直至你进入公司，办公桌上的电脑也会在你的各种指令下开始工作，很多细枝末节的事务不必你亲自处理，因为它们之间早就"沟通"完毕，充分了解你的诉求。

上述场景听起来很梦幻，但实现它并不困难，因为5G技术已经创新性地强化了世间万物的联系程度，这是一种引领互联网的技术创新。5G通过云化、虚拟化以及互联网化等多种模式的结合，不单单丰富了我们和世界的沟通内容，还演化出更多人性化的交互方式。我们甚至可以将身边的每个物体都当成是大脑的延伸，只要我们发出指令，它们就能密切配合。

在4G时代，我们可以流畅地浏览、下载和上传信息，但我们和信息之间依然是独立存在的，并没有融为一体，但是5G技术能够让我们成为一体，比如AR或者VR游戏，让我们在增强现实和虚拟现实之间自由地切换。我们可以更真实地感知距离我们千里之外的人、物以及场景，也能让我们眼前的事物亦真亦假地被修改，而不是下载某个视频去观看，因为我们就在这个"视频"信息之中。

4G技术诞生了智能的萌芽，但这种萌芽要受制于使用环境和操作者，并非是随便某个人都能自由使用的。比如自动驾驶技术，如果仅仅依靠4G时代的传输效率，必然会酿成车祸，因为汽车是在高速行驶的，而5G技术能够实现端到端只需1毫秒延迟的惊人效果，而且在一平方公里之内能够同时打造100万个网络连接，我们可以随时了解行车信息和道路环境，从根本上解放我们的大脑和双手，汽车不再是一个智能化的交通工具，而是一个智能化的应用场景，我们不仅不需要自己去驾驶，还可以将其当成临时的办公室。

虽然在4G时代也有了"云"的概念，但和5G技术相比是单一的，5G技术可以发展出中心云和边缘云的新概念，中心云相当于一个超强的大脑，可以高效地处理所有数据，而边缘云则是一个敏感的分析端口，能够将收集到信息交给中心云去处理。这种分工明确的组合远超4G时代的单一云的工作效率，而这就是技术创新的表现。

正是由于5G技术的创新性，所以它的诞生就不仅仅是"优化"作用，而是构建出一种全新的基础设施，以此为蓝本，改写传统基础的智能化水平，从而交给人类一个智能、高效、安全的新型信息网络。从这个角度看，做好5G网络的布局，对更新一个国家在通信领域的基础技术和格局认知都有重要意义，因此中国的"十四五"规划就十分重视5G技术，将其视为世界范围内高投入、高创新、广应用、广辐射的技术新领域，在这个领域中国一定要抢占高地，就有机会领跑全球，同时也是顺应时代发展的必然选择。

从经济发展的层面看，中国一旦广泛使用5G技术，就会和大数据、人工智能等关联技术相结合，同时在多个垂直领域完成数字化转型。比如将5G技术和工业互联网相结合，就能极大地提升工业生产效率和产品质量，推动中国在高端制造领域的发展，因为数字化转型会深度与经济社会的多个领域融合，从宏观上拉动国家经济增长，从微观上拉动居民消费，创造出新的动力和新的引擎，激活社会经济的发展潜能。

　　除了推动经济增长之外，5G的技术创新还会带来社会层面的变革。比如在建设智慧城市方面，5G可以通过无线通信技术，让整个城市中的人、机器和物品充分连接在一起，不再是分别存在的个体，而是注入了智能化感应和精细化管理的新模块，整个城市将会灵活科学地运转，不会因为意外事件发生瘫痪甚至崩溃的情况，因为它掌握着全部的大数据，可以提早进行预判，所以提供给每个居民的是健康和谐的城市生活空间，人们会充分享受到现代科技带给世界的新面貌。而从国家和政府的角度看，进一步提高了社会治理能力，一个民族将会在信息共享、信息共联的前提下紧密团结并且走向强大。

　　5G技术在移动互联网时代开启了崭新的篇章，伴随着5G网络衍生出的各种新技术和新应用也成为社会发展的主流。在5G逐步被投入到商用之后，全球的通信技术和实体经济也将在不同层面产生深度融合，进而推动整个产业的数字化、网络化和智能化，届时将构造出一个全新的生产方式和生活方式，最终在人类科技的发展史中留下浓墨重彩的一笔。

④ 5G需要的准备

5G时代的开启，是一个循序渐进的过程，中国从2016年开始正式启动5G技术研究试验，到了2018年，全国多地建立了5G试点，而在2020年，5G技术被正式投入到商用之中。可以说，中国的5G建设是在有条不紊的状态中进行并走在世界的前列。那么，我们都需要为迎接5G时代的到来做好哪些方面的准备呢？

从普通用户的角度看有以下两个方面。

一方面，要对5G保持理性客观的认识。

在5G技术刚刚兴起时，有人认为5G网络的出现会让人在不知不觉中耗费高额的流量，这是因为5G网络中下载一部电影只需要几秒钟甚至更短的时间，因为5G的传输速度是每秒10GB左右，远远超出4G网络的速度，在理论上几乎达到了100倍，因此5G网络是一个吃流量的大户。事实上，这种担心完全没有必要，因为我们的智能手机可以设置流量使用的上限，而且下载速度快仅仅是代表着效率高，我们对流量的耗费在使用之前就会有基本的估算，何况很多耗费流量的视频网站还会温馨提示，因此不必把5G的高速传输当成洪水猛兽。更重要的是，在5G技术普及之后，相应地，流量费用也会逐步调整，并不会无端掏空用户的钱包。

另一方面，要根据自身条件更换5G设备。

用户想要体验5G网络，需要更换支持5G网络的智能手机，现在有一部分人已经更换，还有一部分人出于各种原因依然在使用4G手机，因为每个人的实际需求不同，有人或许只需要简单的上网体验就够了，不需要在高速的信息传递中过上"快节奏"的生活。不过，当5G网络全面铺开以后，我们也没必要排斥5G，因为那时候终端设备的价格也会更亲民，我们日常接触到的应用会大范围地采用5G技术，此时想要更换只支持4G网络的设备反而会变得更难，因此还是需要尽快地适应5G时代。

从社会的角度看，5G网络建设是一个浩大的工程，主要体现在三个方面。

第一，需要大量的基础设施投入。

为了获得更快的传输速度，5G网络需要数量更多、密度更大的5G基站，这比4G网络的建设更需要投入高昂的成本，而且5G基站无论是从设备制造、天线选址建设还是优化调试等方面来看，付出的时间、精力和金钱也更多。因此，建设5G网络不能一蹴而就，而是要以点带面、循序渐进地逐步推进，比如从一些人流较大的车站、人群密集的写字楼等地点开始，只有在这些极端的环境下符合正常使用需求，才能满足其他场景下的日常使用。当然，在那些还没有建好5G网络的地方，仍然需要4G网络发挥过渡的作用。

第二，需要充分考虑到安全性。

在5G时代，无人驾驶技术是一个听起来很诱人的突破，它的意义不仅在于能够解放驾驶员的双手，还能够催生出一个全新的应用场景——汽车驾驶场景。在这个场景中，人们可以不必关注路况，而是可以办公甚至是娱乐，但问题也随之而来：如何确保无人驾驶不出问题呢？毕竟一旦出事就可能危及驾驶员和路人的生命财产安全。除此之外，5G技术在工业、医疗、金融等领域的应用也关乎到使用安全问题。为了提早预防，中国的相关企业也开始针对安全性不断测试，比如在无人驾驶领域，中国电信、中兴通讯等公司都进行了5G网络下的无人驾驶骑单车测试，专门针对无人汽车的转向、加速和刹车等操作进行测评，防止出现操作失误，同时也注重对红绿灯识别、应对恶劣天气和路面状况的测试，目的就是确保万无一失。未来，还需要在多个领域进行此类测试，让用户放心地生活在5G网络之下。

第三，严防用户隐私泄露。

在4G时代，用户信息泄露一直是热议话题，人们在出行、购物、社交时所留下的痕迹都被收集到大数据之中，导致商家可以轻易地捕捉到用户的需求，比如刚刚购买了汽车就有保险公司的短信推销，刚刚讨论了母婴话题就会接到推销婴儿用品的电话……那么在5G时代，我们身边的几乎所有物品都可能被接入到一个庞大的网络中，随便一个物品泄密都会引发连锁反应，直接关系到我们的隐私安全，甚至还会危害到生命和财产安全。因此，想要真正打造让大家认可的智慧生活，必须以确保用户隐私为底线，运营商、设备制造商以及各大软件公司都要负起责任，严把质量关，加强信息管理，才能让用户放心使用。相应地，中国也要出台有关的法律法规，明确界定能获取的用户信息和不能获取的用户信息，从法律层面为用户的隐私安全加上保险。

　　5G作为一个新生事物，想要更好地适应时代和社会，需要不断地优化和调整，因为5G并非是"4+1G"，它对软硬件的要求更强，依赖性也更强，一个环节出现问题，都可能产生多米诺骨牌效应。5G时代必然是美好的、充满想象力的时代，但要真正体验到5G技术的魅力，还需要走一段较长的路，这条路上所有人都必须共同努力，从技术层面、心理层面、舆论层面乃至战略层面树立正确的认识，才能最大程度推动5G网络的快速铺开，把每一个还处于观望状态的人都拉进来，让他们理解5G带给人类和世界的并不是简单的技术升级，而是一次创新和颠覆。

5　5G建设趋于完善

　　在我国"十四五"规划中，规划5G建设是一项重要内容，从目前的建设情况来看，我国在5G技术层面已经成功领先世界，接下来要做的就是进一步扩大5G基站等新型基础设施。截至2021年11月，我国已经建成的5G基站超过115万个，占全球70％以上，当之无愧地成为世界范围内规模最大、技术最先进的5G独立组网网络，书写出了"中国速度"。毕竟在2019年，中国的5G基站仅有13万个，如今中国所有地级市城区、超过97％的县城城区和40％的乡镇镇区实现5G网络覆盖，而5G的终端用户数量也达到了惊人的4.5亿户，占全球80%以上。

2021年11月16日，工业和信息化部召开"十四五"信息通信行业发展规划新闻发布会，全方位部署了新型数字基础设施，其中包含了5G、千兆光纤网络、移动物联网以及卫星通信网络等新一代通信网络基础设施，与之匹配的数据中心、人工智能基础设施等数据和算力设施也在同步推进中。显然，中国的5G建设是要打造一个完整闭环的生态，并非是只在尖端领域占据优势，因为5G不是一项技术突破，而是一个全新的生态系统。

按照规划，中国将在2025年建成800万个5G基站，实现全国范围内5G网络全覆盖，每万人拥有26个5G基站的宏远目标，而规划的总体目标是在2025年基本建成具有高速泛在、集成互联、智能绿色、安全可靠的新型数字基础设施体系，届时5G技术将初步成型，为中国践行网络强国和数字中国战略奠定坚实的发展基础。为了实现这一目标，中国已经开始逐步推进5G技术在实践中的应用，目前应用创新的案例已经超过了1万个，主要覆盖和国民经济息息相关的22个重要行业，比如工业制造、采矿等垂直行业应用场景，同时5G技术所发挥的作用也从之前的生产辅助升级为主向设备控制和质量管控等核心业务领域，形成了比较成熟的应用方案，而在教育、医疗以及信息消费等领域也在同步推进5G应用的落地速度。

在"十四五"时期，中国全力让5G技术聚焦在信息消费、实体经济以及民生服务三大领域，重点推进15个行业的5G应用，目的就是进一步提升5G技术的产业融合度，从而带来重点领域的变革广度和变革深度，在中国打造以5G为引领的技术产业和标准体系双支柱，让各行各业都能尽早适应5G技术的接入所带来的新格局。

当然，5G建设并不能一蹴而就，需要经历三个主要阶段才能最终成形：第一个是规模建设阶段，时间跨度在从2020年到2024年；第二个是完善阶段，时间跨度从2025年到2028年；第三个是替换阶段，时间在2029年，这时5G网络已经完全替代4G网络，同时更先进的6G网络也开始引入，各种相对应的软件系统应用也在同步推进。

5G建设需要巨量的投资，这方面中国的各大运营商也铆足全力，仅在2021年，中国移动、中国电信、中国联通在5G投入上的开支就达到了1100亿元、397亿元、350亿元人民币，总计为1847亿元，其中中国移动在5G投入方面力度最大，占比达到约69%，而中国电信和中国联通的投入占比有所下降。

中国的5G建设已经趋于完善，这个领先世界的速度主要有以下三个原因。

第一，政府的大力支持。

中国对5G产业给予了高度重视，因为这代表着中国在数字经济时代的表现，特别是针对未来5G服务的持续发展，中国确立了"通信网络基础设施力争保持国际先进水平"以及"数据与算力设施服务能力显著增强"等多个高瞻远瞩的战略目标，同时高度重视5G的赋能效应，力争从终端到工业、医疗、教育等多个行业实现全面覆盖。

第二，建设成本的降低。

运营商建设5G网络需要投入大量成本，这是因为5G网络要想实现和4G网络的同等覆盖，需要的基站数量更多，这样才能满足高速高效的信息传递质量，与之相对应的就是普通终端的形态丰富，比如5G手机，其生产制造成本也决定着未来5G用户的增长数量。现在市场上的5G手机已经十分普及，价格亲民，而同属于5G时代的无人机、VR设备、头戴显示器等终端产品也越来越丰富且质优价廉，这些都从侧面推动5G网络的铺开。

第三，行业应用推动发展。

5G网络能否与社会深度融合，和相关应用软件的开发密不可分。如今已经有大量的应用软件针对5G技术进行了适配，无论是工业互联网还是智慧城市、车联网等引用场景，人们都能通过终端进行自由流畅的操作，而在未来这些软件应用会越来越普及，5G终端产品会变得更加丰富，5G市场发展潜力巨大。

未雨绸缪，才能领先时代，中国对5G技术的研发和推广，已经为世界树立了榜样，加紧建设的步伐也在缩短5G和社会大众的距离，人们会逐步感受到5G网络的优越性和实用性，以更积极的心态翘首以盼万物互联时代的到来。

第三章

CHAPTER 03

5G 面前，拒绝盲目乐观

1 5G如何为我所用

5G即将引领一个全新的时代，但如何充分利用5G技术，让5G网络真正成为连接人与万物的桥梁，这是一个值得探讨的问题。

第一，社交领域。

5G的出现会让全世界的人都能在理论上整合在一起，只要你身边有5G网络，就可以和远在万里之外的人建立并维系线上关系，这种交互模式将不再局限于文字、语音和视频的沟通，会随着VR和AR技术的发展变成"面对面"的沟通，人们还可以生活在一个更加真实的模拟世界中，这种体验将超出以往的线上沟通模式，甚至你可以在佩戴VR或者AR眼镜后与一个陌生人来一次浪漫的邂逅。同样，受制于各种客观原因无法相见的亲人，也能够跨越千山万水团聚在一起，让对彼此的惦念得到一定程度的缓解。而且，5G的传输会极大地提高实时翻译的效率，让不同语言背景的人也能流畅地交流。

第二，医疗领域。

未来的医疗和今天相比会有质的飞跃，现在一些偏远地区受制于地理和经济等条件的制约，无法为普通人提供有效的就医保障，但是随着5G网络的铺开，远在大城市的名医也可以和病患直接沟通，这不仅是一种视频连线，还能通过远程的诊疗系统为病患检查身体，帮助医生方便地获得病患的健康监控分析数据。从而制定出科学合理的治疗方案。除此之外，全球范围内可能会出现很多"虚拟医生"，它们是人工智能体，储存着丰富的医学资料和临床经验，能够准确地判断病因，而病人也能将自己的病情上传到大数据中心保存，以便实时追踪和分析，在病情恶化之前就能提前发出预警。

第三，农业领域。

现在传统农业已经处于数据革命的边缘，那么在进入5G时代以后，食品和农产品的供应链都将实现数字化，实时更新的数据流能够准确反映出消费者的偏好变化，从而对种植何种作物、优化哪类食品起到重要的指导作用。在耕种环节，作物的种植、土壤的分析和产量的预测都可以进行实时监测，还会诞生宏观的预警系统，提醒农民注意疾病、害虫以及天气的变化，具体在生产劳作时，AR视觉扫描能够及时发现农作物存在的问题，甚至牲畜的饲养也可以通过AR视觉技术进行科学的筛查和分析。这样一来，消费者购买的农副产品将是绝对安全和健康，而且符合他们的消费偏好。

第四，工业领域。

对于传统制造业来说，5G技术无疑是最动听的福音，在它注入以后会诞生工业自动化控制、物流追踪、工业ＡＲ、云化机器人等众多全新的应用场景。虽然现在也有工业自动化控制，但都是工厂自己的总线来控制的，无论是应用规模还是传输距离都无法满足远距离操控的需求，而5G将大大延长这个范围，配合工业ＡＲ的使用，让管理和技术人员能够不必亲临现场就能进行巡检和维修，这种创新尤其适用于那些环境恶劣的行业，比如核电厂。此外，云机器人的出现会帮助工厂组织和协同生产环节，进一步提供生产效率。

第五，保险领域。

在5G时代，保险行业会形成自动化的概率曲线，从而帮助保险公司降低交易成本，准确地判断市场的变化，对用户的保险需求进行预判，进一步细分和优化保险业务板块，这种自动化的运营管理会帮助保险公司时刻监控用户的使用情景，确保每一种产品的规划都是合理的，既能维护用户的权益，也不会让保险公司损失太多。而且基于全息扫描技术的成形，会加强身份认证的便捷性和安全性，避免骗保事件发生，在用户索赔之后，可以通过无人机实时传输现场情况，了解事实真相，还可以通过虚拟还原现场和用户沟通，精确地分析用户的损失以便支付赔款。另外，随着未来医疗的进步，具有预测性能的生命图谱也将诞生，对人寿保险起到重要的辅助作用，避免因为用户先天方面的不足而承担巨额索赔的风险。

第六，零售业领域。

消费者在传统零售业中处于主导地位，他们想要买什么就购买什么，选择在哪里消费、采用何种支付方式等，这些对于商家来说都是被动的。随着5G网络的发展，信息快速流通，商家可以通过捕捉大数据信息及时地为消费者提供他们所需要的产品，甚至可以通过科学的测算预判消费者的消费，从而在商业竞争中占据有利地位。需要注意的是，5G技术并不会让实体店消亡，它只不过会和网络融合得更深，可以作为一个兼具线下销售功能的配送站，在用户下单后派出无人机送货上门，用户也能通过VR设备更清晰全面地了解产品，降低交易风险。

第七，娱乐领域。

娱乐领域的变化对普通用户来说是最明显的，随着虚拟技术的日益成熟，每个观看影视剧、娱乐节目、演唱会的观众都能身临其境。同样这种技术也可以用于旅游产业，催生出虚拟旅游这种新的消费类型，用户可以购票进入到景区内部一览美景，也可以挑选有纪念意义的商品通过物流发回到自己身边，满足那些因为金钱或者时间无法亲自出行的人群。除此之外，宏观投影技术的出现，会让任何现场表演的规模提升到更高的层次，可以组织大如一座城市的虚拟世界晚会，而每个观众都能通过虚拟设备深入现场，体验艺术的魅力。

第八，教育领域。

未来教育依托的环境很可能不再是线下，而是线上，教育内容不仅是基础教育，还包括各种专业教育和特殊教育，因为在VR设备的帮助下，教师可以实时向全世界传递知识和信息，人们可以通过模拟场景参与教学中的实验，还可以模拟专业教育中的现场操作，将学到的理论知识立即投入到实践中，这不仅极大地减少了学习成本，也提高了教学效率，让"课堂"和"现实"有机地结合在一起。此外，教育领域还可能诞生"大脑刺激器"，帮助人们提高信息的输入和记忆，让知识更为牢固地驻扎在我们的头脑中。

第九，交通领域。

5G时代无人驾驶技术将成为最具有颠覆性的发明，和汽车行业相关的领域都会受到不同程度的影响，一些我们今天耳熟能详的东西很可能会消失，比如停车场、加油站、汽配店、驾驶执照、护栏等，因为人类的交通秩序将会变得更加智能化和规范化，与此同时，无人机网络、车辆之间形成的地面网状网络、无人驾驶移动商业、无人驾驶移动医疗诊断等新兴事物的出现，还可能诞生新的就业机会，人们不再是围绕汽车服务，而是围绕无人驾驶诞生的新需求而服务，社会并不会诞生失业大军，而是会经历一波洗牌之后重塑整个行业。

未来，5G将为各行各业提供全新的基础工具，由此诞生的人工智能、自动化设备、高精度的传感器等新生事物也会进行自由组合，从而催化出新的交互和操控方式，它所带动的不仅是生产和生活的变革，还会进一步推动现有的旧技术和思维方式更新换代。与此同时，我们会在5G网络的帮助下看到之前不被发现或者被忽略的信息，而这些信息将充分重塑我们对世界的认识，无论你是否能适应5G时代，它的到来已成定局，你要做好充分的准备去迎接它。

2 网络环境中的隐私协议

如今，5G网络正逐步在全球各地展开建设，在人们期待着5G技术能够带来全新的生活方式时，5G网络的体系结构也暴露出一些问题。技术人员发现，黑客可以利用一系列网络攻击实现阻止用户接入互联网，同时还能够拦截数据流量，最可怕的就是可以自由地监视用户的位置信息，这样一来，一旦大量的用户接入5G网络，如果不对隐私协议进行加强的话，用户隐私的泄露风险将比4G时代更大。

根据国外一家网络安全公司研究发现，LTE和5G协议存在重大缺陷。LTE是一种无线数据通信技术标准，它和5G的协议之间的漏洞造成了系统架构出现了问题，这个问题关系到一个叫包转发控制协议（PFCP）的协议，该协议专门用于会话管理的接口。在正常状态下该协议不存在问题，可此时如果接入一个别有用心的参与者，通过发送一个会话删除或修改请求PFCP包，就能造成互联网访问中断，同时也可以拦截web流量，从而给用户造成信息损失，而如果是商业用户，很可能会影响到正常的企业运营和管理，所带来的经济损失是难以计算的。

除此之外，5G标准中的管理网络存储库功能也存在一定问题，这个功能可以允许在控制层面中注册和发现NFS（网络文件系统），常态操作下也没有大问题，可如果有黑客接入，就能轻而易举地在5G的管理网络存储库中添加一个已经存在的网络功能，从而对接入5G网络的用户行为进行干预，而如果存储的信息非常重要，那就有丢失关键信息的风险。

还有一种情况是，黑客可以借助授权"合法"地通过从存储中删除相应的配置文件，从而取消关键组件的注册，让订阅者失去原有的服务。打个比方，用户在视频网站注册会员，黑客可以轻易解除会员关系，让用户的钱都打了水漂。当然这种攻击是低层次的，如果注册的是会员享受到某些重要的商业服务，那用户损失的不仅仅是金钱。

值得警惕的是，既然黑客可以解绑用户的订阅关系，同样也可以利用漏洞欺骗基站获得某些终生服务，这不仅会让被牵涉进来的商家受损，也可能搅乱行业秩序，让大数据无法准确筛选出用户的分类和等级。更为重要的是，黑客可以通过管理订阅者的配置文件数据，进行一种模拟网络服务，然后提取到一些必要信息。简单说就是黑客能够假扮成"服务者"或者"内部工作人员"来窃取用户信息，这将给用户埋下极大的使用隐患。

如果黑客和黑产业相结合，在窃取信息的基础上可以衍生出各种非法犯罪行为，而用户则对此完全不知情，实际上他们的一举一动都将在严密的监控下进行，在高速的信息传递下会实时反馈给监视者。

其实在移动互联网兴起之后，用户的隐私问题就一直是热议话题，因为大数据能够轻易地捕获到用户的一举一动，比如用户查询了母婴话题，就会有购物网站推送婴幼儿用品，再比如用户购买了汽车，就会有保险公司推销产品，甚至用户的GPS定位也一样能被商家利用。那么，在5G高速高效等特性的加持下，其漏洞也会被放大，会让用户的隐私以更快的速度和更大的暴露程度被窃取，因此在这方面未来还需要加强。

当然，5G技术存在漏洞，从技术迭代的角度看也是正常现象，因为任何新生事物都是在不断完善中进步的，不可能一诞生就完美无缺。事实上，5G在安全管理方面也有着得天独厚的优势，最突出的就是可以免受"魔鬼鱼"系统（美国警用移动监测设备）的监视，同时可以提供国际移动用户身份（IMSI）号码的加密保护。因为IMSI号码是每个SIM卡自带的身份标识，是终极的身份认证，这对于确保用户的主人身份具有重要意义，可以在一定程度上屏蔽大部分窃取身份的网络攻击。不过，5G移动网络框架相对复杂，有多达9个网络功能组成，分类的细致有助于提高工作效率，但这种相对的独立性也构成了被入侵的潜在风险。

5G带来的进步是毋庸置疑的，5G的安全优势也是客观存在的，然而伴随着5G用户数量的逐年递增，人们应该加强对5G标准的充分审查，尤其是处于后方的开发者，更应该提高警惕，在操作时也要避免设备配置上出错，从而遗留安全漏洞。除此之外，5G设备的供应商也必须负起责任，确保5G的所有架构网络拥有可靠的保护功能，避免上述提到的针对用户隐私的攻击发生，这关系到5G网络最终能否得到社会大众的认可，也关乎人类社会的未来。

3 **警惕评分陷阱**

当5G成为时代的选择以后，也理所应当地被时代所审视，人们不仅期盼着5G技术带给人类社会全新的改变，也会对这一技术进步进行相应的评估。

2020年5月13日，北京联通和华为共同举办了5G Capital网络测评发布会，会上公布了媒体测评体验日中每条体验路线的12个网络指标，简单说就是对已经铺开的5G网络进行测评。在测评内容中分为"占得上、保持稳、体验优、信号好"四个指标，平均结果分别为：SA时长驻留比（有关时长和流量的指标）为100%，下行低速率占比0.35%，掉线率为0%，良好覆盖率为98.75%。

单从测评结果来看，现在的5G技术已经远远超出了及格线，某些方面堪称优秀，但是行业内部的人却发现，这个测评的标准还是非常严格的，甚至可以说是苛刻。于是，有人就会产生疑问：究竟谁是5G测评的出题人，为什么会选择这些指标来考察5G的网络能力？

其实，人们对测评提出疑问再正常不过，因为自从5G诞生以来，既有期待的声音，也有质疑的声音，今天我们都能认识到推广5G网络的重要性，但也不可否认国内外仍然存在一些对5G另眼看待的人，他们或许是从技术角度出发，或许是从大国博弈的角度审视，因此，当5G网络被当成一个学生接受老师的考试时，不免会对出题本身进行评判。毕竟，以往测评通信网络时都是通过各大运营商自己的测评工程师，如今将5G的测评结果公之于众，似乎是有些违背常规。

我们知道，5G如今已经发展了几年，现在的5G网络建设正处于爆发期，终端覆盖和在网人数都在快速增长，因此5G技术面对的不再是能不能用、是否比4G更快这些问题，而是必须满足多个应用场景中的差异化需求。正是基于上述原因，各行各业的用户都有资格成为5G网络的体验者并给出他们认为的理想分数。所以，现在采用的5G评分是否符合要求值得商榷，因为我们不能把4G时代各运营商闭门测评的经验照搬照抄到5G技术的推广过程中，这已经显得有些滞后了，主要体现在以下两个方面。

一方面，之前5G的很多测评，重点还是落在网络覆盖、网络质量和网络接通等数据上，而不同的运营商对基站数量和传输速率的定义并不完全相同，此外基站的大小、射频模块以及统计标准也不一样，很难通过这些数字真实地反映出5G网络的实际情况，更何况对大众消费者来说这些都过于专业化，缺少参考价值。

另一方面，一个理想中的5G网络，仅仅是具备了规模还是不够的，还需要依靠前端、后端等方面的协同，才能最终决定网络的实际质量，而这些测评指标很少进入到公众视野，往往是掌握在后台人员手中，这就决定了现在测评标准过于简单粗暴，只有进入到精细化的建设阶段才能真正建立好5G网络。

当然，在2020年的5G Capital网络测评发布会上，给出的四项指标围绕"占得上、保持稳、体验优、信号好"四个方面以及被细化的12项指标，这些主要是基于5G网络是否稳定给出的考题，属于必答题，从出题的角度看，不算超纲，在合理范围之内。

第一，"占得上"是入门根本。

用户能否顺利接入5G网络，这是作为移动通信网络的基本素质。如果用户拿着5G手机，开通了5G套餐，结果只能接入到4G网络，5G网络时有时无，这样的技术如何能够让人们认可？如何能够改变未来的时代？在5G刚刚推广的时候，有商家为了争夺第一个升级到5G运营商的头衔，竟然将4G改成了"5GE"的名字来糊弄消费者，而一些不明就里的用户也认为自己快人一步地享受到了最新的技术，这个啼笑皆非的事情不该再次发生。总的来说，"占得上"是一道必答题中的必答题，它要求5G网络必须完成全覆盖的根本任务，同时运营商还要对自家的5G网络进行优化，从而带给用户最优质的体验，这样才能提高用户留存率。

第二，"保持稳"是5G引领时代的标志。

或许在很多人看来，一个能够在信道拥挤环境下依然流畅使用的网络足够令人满意了，但5G如果止步于此，那就配不上"质的飞跃"这种期待了。5G和4G对人类生活的意义不同，4G慢一点甚至掉线了并不会影响到人们生活的重要方面，但5G在广泛应用在各行各业以后，起到的是桥梁的作用，如果医生在给病人诊疗时信号丢失导致数据损坏，这影响到的就是病患的治愈问题；如果无人驾驶汽车在道路上丢失信号，很可能会酿成一场惨烈的车祸，所以时代对5G的要求是"不容有失"。"保持稳"就是证明5G可以承托起一个新时代的重要标志，它是一个容错率几乎为零的存在。

第三，"体验优"是在着力解决用户的痛点。

"下行低速率占比"这个指标主要是测算在人满为患的空间内，用户是否还能够流畅无阻地介入网络，满足工作和娱乐等现实需求，常见的情景是拥挤的地铁、吵闹的演唱会现场等等，目前的5G网络确实超出了4G。在测评中，5G网已经完成了下载，而4G网的下载进度只走了不到五分之一。这种极端环境下的测试，对用户是具有现实意义的。除此之外，目前还针对大型文件传输、大型游戏游玩以及超高清视频会议进行了测试，测试结果证明5G的确远超4G，双方拉开了明显的距离。

第四，"信号好"是优质标签。

在4G时代，用户最为关注的是信号是否良好，因为4G时代人们在手机端操作的应用更多，不像在2G时代主要是接打电话、收发短信，很多商务人士甚至高度依赖手机办公，所以信号不好将会直接影响到工作效率甚至是人生事业。相比于4G时代，5G网络的信号好坏将进一步和人们的工作生活深度绑定，因为这是一个万物互联的时代，信号不好可能会导致家中的电器使用不了，可能会耽误正常的办公教育，还可能影响到人际关系，所以5G网络更应该最大程度地保证信号质量。当然，这并不能简单理解为5G信号满格就是对用户负责，如果两个基站存在互相干扰的情况，依然会影响用户的网络体验，所以运营商应该将5G信号理解为真正地满足用户的需求，要从用户使用体验的角度去测试，而不能单纯地达到某个指标感到满足。

综上所述，"占得上、保持稳、体验优、信号好"这四道必答题，给出了人们想要的答案，一切都是以用户为中心，当然，除了这些必答题之外，5G网络想要全面铺开，还需要在更多的应用场景下一一测试，才能真正检验出其是否合格，这不是在短时间内能迅速完成的，也不是一个依靠传统评分机制就能给出答案的，我们既希望5G获得高分，但也要警惕一些华而不实的无用高分，毕竟"体验为王"，只有满足时代的需求，真正建立起超越4G技术的优势，才能交给人们一张满意的答卷。

⁴ 数字化展现的地域化进程

中国之所以不断加快5G网络的建设速度，和数字中国战略有密切的联系。只有各行各业进行数字化转型，才能实现网络强国这一宏远的发展目标。在转型的过程中，不同地域的进程也各不相同。

2021年11月3日，腾讯研究院联合腾讯云在2021腾讯数字生态大会上发布了《数字化转型指数报告2021》，全面洞察和评估了中国351个城市和18个主要行业的数字化转型情况。总体来看，在国家将数实融合作为中长期重大战略的背景下，中国的数字化转型指数喜人，在2021年一季度达到307.26，同比增长207.4%，其中广东、上海和北京在国内数字化转型指数排行榜中位列前三，同时，河南、湖北以及湖南的指数规模和增速位列全国前十。

所谓数字化转型指数，包括了基础设施层、平台层和应用层三个层次的指数加权平均而得，可以客观反映出某个地区、省份或者城市的数字化程度，并非是一个只关注重要指标的片面数值。

到目前为止，中国的数字化发展呈现出两大特征。

一方面，数字化转型由城市群引领。中国数字化指数占比的80%是由11个大城市群引领的，其中北部京津冀、南部珠三角、东部长三角和西部成渝这四大城市群，当之无愧地成为数字化转型的领跑者。

另一方面，数字化转型从趋势上看正在从东部地区向中西部地区扩散，中原和长江中游地区的增速十分惊人，仅在一年的时间里其数字化转型指数增速达到350%和315%，分别位列全国第一和第二名，势头正盛。

如果以城市为研究对象可知，上海、北京、深圳和广州等一线城市因为其城市规模和经济发展程度毫无悬念地领跑，而如武汉、南京、天津等新一线城市因为在疫情防控和新基建的双重需求也快速增长，已经成功进化为数字化的新主力。除此之外，中国的三、四线城市也不甘落后，同比增长也超过了300%，同样给出了一份耀眼的成绩单。

报告不仅对地域化进程进行了翔实的报道和分析，也充分研究了各行业的数字化进程。发展势头最为强劲的是金融、电商和文创三大细分行业，是很多中心城市加速数字化的引擎。值得欣慰的是，传统行业的数字化转型也没有被甩开太多，如广电、医疗、制造、教育、零售和能源等传统行业在过去一年的增速排名前十中占据六个席位，可谓异军突起，其中广电行业受到互联网影响最深，同比增长接近300%，稳居各行业之首。

实际上，行业和地域的增速表现存在千丝万缕的联系，比如在中部、西部和东部等地区，由于广电的数字化转型比较彻底，因此体现出极强的活跃性，比如宁夏和甘肃的广电行业在全省数字化产业中占比超过25%，位列全国前两名，丝毫没有体现出西部经济相对滞后的劣势，反而展现出勃勃生机。

制造业在北部和西部等省份也有突出的表现，比如宁夏、云南、重庆、吉林、辽宁等老牌工业省份，依靠加大智能制造建设应用为推力，促使地方当地工业的数字化进程加快。相比之下，零售业的增长特点是在电商不够发达的地区更加活跃，比如福州和济南，它们的电商指数排名不高，然而智慧零售指数却成功进入国内前20的排行榜单。

在数字化转型中，云计算和AI是数字基础设施的代表，它们的使用程度可以充分发挥数字化对各行业的支撑力度。从2020年的用云量规模与增长排名来看，电商和数字内容依然是用云大户，但值得注意的是，代表市政服务的政务和医疗等行业也在加快上云的速度，推动了新产业和新模式的兴起。比较之下，一线城市的数字原生行业用云需求更为强烈，而二线城市传统行业的上云需求最为突出，体现出两种不同的发展态势。

在新基建的带动下，中国一些内陆省份和边疆地区的用云量也增长明显，比如山西、西藏和新疆，可见完善基础设施、创造使用需求也是拉动数字化转型的有力牵引。另外，在疫情的冲击下，传统行业也加快了对AI部署的广度和深度，在2020年广电、零售和制造等传统行业的AI应用增速也超出了整体均值。从地域分布来看，智能化转型从沿海省份向边疆省份过渡，其中西部的云南和宁夏以及东北部的吉林和辽宁赋智量增速最快。

目前，中国已经将数字技术与实体经济的深度融合发展定为中长期重大战略，传统产业的数字化转型是否顺利就成为关键问题，其中"用云"和"赋智"是最为直观的指标，国内大部分地区都在数字化转型中表现突出，当然不可否认的是，这种爆发态势和疫情状况联系较大，存在着不稳定的外部干预因素，可能会在未来出现增速放缓的情况。因此，下阶段的数字化转型很可能要承受新的增长压力，同时也将获得新的增长动力，这不仅需要全国各地区步调一致地互相促进，也需要全行业统一规划，为数字中国时代的到来创造更多的应用场景，从而助推5G网络与实体经济的进一步融合。

⑤ 5G进程宜缓宜急？

　　5G技术注定要改写人类社会的生活方式，但5G网络的推进速度是否越快越好呢？早在2021年初，人们就预测当年中国的5G基站数量将超过100万个，事实的确如此，但还有一种更极端的声音：希望各大运营商加快步伐，为了确保中国5G技术领先世界，要在2021年达到300万个。

　　这样的声音真的是理性的吗？5G建设到底应该快马加鞭速度为先，还是应该稳中求快谨慎为上？

　　众所周知，中国移动、中国联通、中国电信以及中国广电是目前拿到5G牌照的四大电信运营商，是中国5G建设的主要力量，也都是国有企业，铺设5G网络是它们承担的社会责任甚至是历史使命。但从现实的角度看，5G网络建设是一项需要大量投入的巨大工程，100万个5G基站需要耗资多少呢？至少超过3000亿人民币，这笔投资足以消耗掉运营商几年内获得的利润。如果在2021年真的将建设目标锁定在300万个，那又将消耗掉多少资金呢？这种不顾一切地投入真的对5G建设负责吗？

　　对于支持加快5G建设步伐的人来说，早日让全社会享受到5G技术是唯一目标，因此运营商不能舍不得花钱，而是应该看到在5G上的花销是推动整个社会朝着万物互联的方向演进，能够带动各行各业对信息通信技术的投资，最终推动数字中国的目标快速前进。但是，这种观点太过纸面化，并没有考虑到运营商自身的利益。如果一味地迫使运营商将利润投入到5G建设中，那么它们在其他方面的开销必然吃紧，将直接影响到总收益，等于用杀鸡取卵的方式去推动5G建设，结果是得不偿失的。

更需要深思的是：5G固然需要更多数量的基站，但仅仅为了保持基站的数量优势就加快速度，是否在现阶段具有实际意义？实际上，5G网络的铺开是需要遵循一定的客观规律的，并不是越快越好，这样很可能犯下杀鸡取卵的错误。

首先，中国的5G技术目前并没有形成完善的体系，盲目地追求基站数量只会将缺陷放大。

从2020年10月开始，三大通信运营商开始全部基于SA组网模式推进5G网络的建设。后续还有Rel-17、Rel-18等版本将对现有的架构和功能进行优化，在此期间需要不断验证5G技术在信号延迟方面是否足够可靠，而受制于部分技术的尚未成熟和相关利益的协调工作，5G技术想要与其他平台融合还需要一个过程，在这样的背景下催促运营商加快5G网络建设，反而会让现阶段的技术瑕疵被基数的扩增而放大，从而造成巨大的资源浪费，还可能在国际上留下被人指摘的事实，因此宁可步子慢一点，也不能平地摔跟头。

其次，中国目前的5G应用数量有限，过快地建设基站无法达到相匹配的效果。

硬件和软件应该是同步发展的，如果5G基站遍布天下，但用户手里的APP都是针对4G而设计的，那5G基站的存在意义是什么呢？现阶段的情况正是如此，目前面向企业用户和个人用户的5G应用尚处于开发和测试阶段，无法让普通用户感受到身处5G时代的领先体验感，所以耗费巨量资源增加基站数量并不能获得对等的社会认可。同样在企业客户那里，无论是智慧医疗还是智慧教育，还没有进入系统性的推广阶段，不会有哪个医院真的敢直接用现有的5G技术给远在千里之外的病患诊疗，这并不是态度消极、思想落后，而是行业尚未形成成熟的生态，盲目"尝鲜"是不可取的。换句话说，现在这些应用场景更多的是底层设计阶段，还不能真正推向市场，而不经过反复严谨的测试是不能正式使用的。

最后，中国的5G建设需要运营商之间同步协调，一味追求速度只会拉开差距。

5G缔造的是一个万物互联的世界，而"万物"就已经充分说明全行业都要参与进来，因此每个负责基础设施建设的运营商都是不可或缺的组成部分，只有秉承共建共享原则，才能齐头并进、节省资源，这已然成为现阶段5G基站建设的大势所趋。

5G建设是一条不可逆的伟大道路，中国不能落后于世界，但也不能不顾脚下和身后闭眼冲刺，这样所造成的不良后果是难以消除的，也不是一个发展中国家能够承受的代价，所以要始终尊重客观规律，这才是对时代和社会真正负责的态度。

第四章

CHAPTER 04

各有特色，各国 5G 发展状况

① 日本——利用方法的开发

　　5G即将开启一个全新的时代，这是全世界的共识，因为万物互联连通的应该是整个世界，而元宇宙也只有在全球范围内发生作用才称得上"宇宙"。因此，未来的5G时代，国家与国家之间、地区与地区之间的联系会更加紧密，不过在具体开发和推广的过程中，每个国家对5G技术都有自己的理解和侧重点。

　　2020年，在日本国内处于领先地位的电信设备生产商NEC，联合日本国内最大的电信网络运营商NTT正式宣布，将携手研发5G和其他产品，同时将在世界范围内销售这些产品。据悉，这些产品的技术含量很高，融合NTT和NEC各自的尖端光学和无线通信技术。

　　这次联合声明绝不是仅仅表个态，NTT公司同意投资645亿日元收购NEC公司4.8%的股份，以此来巩固联盟关系，同时也是为了研发5G做好充足的资金准备。更值得关注的是，日本的经济产业省也大力支持5G技术的研发，预计向富士通、NEC等企业提供700亿日元的资金，主要应用在5G技术的设备开发和网络研发方面。

事实上，日本对5G技术的重视程度很高，以NEC和NTT为首的5G技术建设主体给自己设定的目标是主打"技术流"：在全世界范围内开发紧凑型的数字信号处理器，这个处理器号称具备了领先全球的性能和最经济环保的低功耗。

早在2020年3月，NEC就和日本最新的无线电信服务提供商乐天移动联合宣布，自家生产的5G无线电单元已经开始发货，可见NEC在致力于打造一个5G技术共同开发体，当然，这背后也离不开日本政府的支持。

2018年12月，日本政府禁止日本各部委和军方使用一些国际上通信和计算设备，虽然没有点破，但矛头直指华为和其他公司，它们都被禁止进入日本正政府和5G电信市场，于是，诸如NTT、KDDI、软银等日本电信运营商开始了一场狂欢，它们终于不用担心遭到外国企业的插手，所以迅速跟进。

从发展5G的思路来看，日本政府十分讲究方法，因为开出了15%的税收减免，这意味着可以以更小的运营成本去开发5G网络，所以NEC、富士通和其他日本电信设备制造商态度积极，它们将致力于通过规模经济、现金流和投资新技术来抢占日本国内5G市场的高地。毕竟，华为的5G产品比日本的替代品要便宜30%到40%，日本电信设备制造商获得了难得的生存空间。

在1G时代，日本的移动电信事业还能和美国和欧洲分庭抗礼，然而在之后的时代里日本就渐渐淡出国际舞台，当然这也受到了经济倒退的影响，即便是像富士通和NEC这样的大公司，也仅仅分别占有1%的全球网络基础设施市场份额，而同时期中国的华为所占比重超过了30%，即便是排名最后的三星也占比4%。

残酷的竞争让日本的电信制造无力出海，能够在本国市场存活下来已经实属幸运，面对呼声渐高的5G时代，日本政府不能坐以待毙，但如果盲目出战也可能一败涂地，于是日本决心通过行业保护的方法限制外部力量入侵。

表面上看，日本的5G技术研发不免有些被动和疲于应付的态势，但日本多年积累的技术底蕴不容小觑。实际上在2020年3月底，日本的三大电信运营商就宣布推出各自的5G网络服务和相匹配的5G手机，至少从形式上看日本已经进入了5G时代。然而，从目前日本三大电信运营商提供的服务来看，日本的5G网络局限性很大，比如软银旨在日本的七个小县中推出了5G试点服务，然而用户要多花费1000日元的5G附加费才能接入5G网络，这对广大消费者来说十分不友好。

2020年开始的疫情对日本的经济影响重大，奥运会的延期举行和场面冷清也断绝了日本借此重振经济的愿望，不过日本并没有放弃在5G领域的开拓，尽管从20世纪90年代以后，日本的经济不断处于下行状态，但在零部件制造方面仍然占有一定优势。

5G网络听起来是一个宏大的工程，但其实任何一个基站都离不开若干个零部件，其中涉及到的天线和芯片制造都是日本占优的类目，比如一款具备筛选特定频率电波的零部件，在全球市场占据50%的份额，足以证明日本发展5G的先天优势。更重要的是，日本的各大电信企业似乎也统一了认识，它们将会通过合作共建的方式完成5G基站的全面建设，而日本企业的合作性和沟通性都是强项，这对于构建一个庞大的通信网络而言尤为重要。

总的来说，日本在5G研发方面整体技术优势不突出，基站和及手机终端的成本也不占优，加上高昂的人工成本，如果控制不好很可能会限制5G基站的建设数量，所以日本很可能会通过"以质取胜"的方式弥补短板，而日本政府也会推出更多的补助措施，所以并不能排除日本有可能打造出领先国际的高端基站或者尖端芯片。从这个角度看，日本政府不仅会认真对待5G技术的研发和推广，还可能为了在下个路口超车研发6G技术，这是日本已经公开承认的"后5G时代"，计划在2030年将通信速度提高至5G的10倍以上，如此看来，日本正在以其特有的"匠人精神"赶超被甩开的时代，振兴日本国内的电信产业。

2 韩国——5G是国家战略

如今，越来越多的国家围绕5G技术打造全新的数字经济业态模式，几乎成为全世界的共同目标，但怎样具体实现这个目标，每个国家采取的策略都不一样，有的国家依靠头部企业，有的国家依靠外部力量，也有的国家将其视为国家发展战略，在这方面中国是代表，而韩国同样也值得我们借鉴。

2019年4月3日，韩国三大电信运营商SK电讯、韩国电信以及

LG U＋同时宣布提供5G服务，标志着韩国成为世界范围内第一个5G商用国家。和日本不同，韩国在4G时代也没有落后于世界，甚至可以说拥有全球最快的4G无线网络。早在2018年，韩国的4G下载速率最高达到了55.7Mbps，而且韩国国内的4G网络覆盖率高达96.4%，位列全球第一。

正是因为在4G时代打下的坚实基础，让韩国在研发和推广5G网络时具备了先发优势，用户的接纳程度很高，拥有坚实的市场基础，韩国在5G发展初期形成了良好的市场发展态势。目前，韩国的5G商用网络已经覆盖85座城市，从2019年4月到2021年底，韩国5G商用就已经持续了33个月，平均每月增加62万5G用户。据不完全统计，截止到2021年底，韩国5G用户超过2000万（统计该数据是2021年10月，用户数为1938万，按照最保守估计超过2000万也没有悬念）。单从用户数量来看，韩国的5G用户已经占据全球总数的50%上下，对于一个5000多万人口的国家来说已经发展得相当有规模。

同是东亚国家，同样深受美国经济的影响，韩国和日本在5G技术方面的差距较大，虽然日本政府也出面力挺5G，但无论从政策的高度上还是措施的深度上，韩国的5G网络明显更像是国家级的重要战略。从2013年开始，韩国政府就发布了《5G移动通信先导战略》，在2019年，韩国政府再次发布了《实现创新增长的5G＋战略》的新战略，足见其对5G发展的重视程度。

韩国之所以高度看重5G，是寄希望将5G打造成推动国家经济发展的全新引擎。在《5G移动通信先导战略》中，韩国政府提出要在七年内向技术研发、标准化、基础构建等方向投资5000亿韩元，同时成立研发5G的组织机构，在实践中与各行各业相融合，所以在这七年里，韩国的5G产业进入了快车道，最终提前一年达成了5G商用的目标。

5G成为韩国政府的宠儿，和之前衰落的半导体产业有关。2018年，随着国际市场对存储芯片的需求减少，市场进入了发展的停滞阶段，以存储芯片为主体的韩国半导体产业走向疲软。放眼望去，能够被委以重任的似乎只有5G，毕竟韩国的4G网络打下了坚实的基础，因此在2019年发布的《实现创新增长的5G＋战略》中，韩国政府明确提出：要围绕5G技术重点发展建设新型智能手机、网络设备、VR/AR设备以及无人机等，总计约有十个产业，而它们所融合的行业包括智能工厂、自动驾驶以及智慧城市等五个关键领域。伴随着新产业和新应用的出现，5G网络的推广还会为韩国带来730亿美元的出口，毫无疑问将成为韩国经济增长的拉动点。

从技术专利的角度看，韩国对5G积累也是筹划了许久并且颇有建树。虽然从申报专利的总数上，华为排名第一，但是从国际申报的数量（指在美国专利及商标局、欧洲专利局或专利合作协定这三个国际专利组织中的任意一个提交申请）来看，三星无论是申报的专利数量还是获批准的专利数量都位居第一，而LG排在第三。不过，华为的核心技术专利数量还是处于领先地位，只是从整体上看，韩国在通信技术方面的储备并不弱。

在通信领域，专利数量是非常重要的指标，能够体现出公司的核心竞争力，因为通信行业讲究的是"标准化"，不像汽车和电子等其他产业，可以制定属于自己的标准，因为谁领先一步，谁就掌握了话语权，成为标准的制定者，甚至只需要通过某项重要技术的专利费就能维系企业的生存。相反，一旦没有核心技术，没有任何注册专利，这样的企业就会在发展中处于被动地位。

从目前的技术积累态势上看，韩国是最有可能成为中国竞争者的潜在对手。韩国对5G技术的积累只是一个方面，在5G商用上的推进速度同样惊人，在2018年的平昌冬奥会上，韩国就提供了包括超高清电视直播和VR等应用的5G服务，被认定是5G技术在全世界的第一次亮相。当然，韩国的5G商用对象不是普通的消费者，而是定向邀约的，都是社会上的知名人士，至于面向普通用户的5G商用要稍晚一点，不过总的来说起步很快，大大超过了世界其他国家。因此，无论从用户的增长数量上看还是5G的流量使用情况来看，韩国的5G商用都值得成为全球参考的样板。

从表面上，是韩国选择了5G，但从深层次看，是5G选择了韩国。

第一，韩国的面积和人口决定了适合推行5G。

5G对基站的数量要求巨大，而韩国的国土面积仅仅相当于中国的1/96，人口相当于中国1/27，这意味着韩国的5G基站建设压力较小，让5G信号覆盖全国是一件相对容易的事情。而且，韩国的人口密度很大，基本上不存在基站被浪费的情况（指偏远地区为了覆盖也要修建基站但服务的人群却很少），这些都是最理想的基础条件。

第二，韩国的技术积累决定了5G发展不缺乏动力。

不了解韩国的人总觉得这个国家除了三星、LG等品牌外似乎没有拿得出手的企业，但事实上韩国的技术研发能力一直很强，只是在美国光环的影响下显得比较弱小而已，换句话说，韩国在被世界忽视时悄无声息底积累通信技术，因此厚积薄发，在5G时代爆发出了强大的冲刺能力。

第三，韩国的运营商推出了利好用户的政策。

5G时代，普通用户恐怕最关心的就是流量了，虽然韩国的5G流量套餐的月费用超过了300元人民币，却是货真价实的"不限量"，所以对用户还是拥有巨大的吸引力，这也是韩国做到月增62万5G用户的关键点。由此看来，5G网络的资费问题也将决定其推广的力度。

国家牵头，民众响应，天时地利，韩国的5G网络就是在这样得到优势背景下逐渐形的。虽然韩国的某些经验无法借鉴，但韩国对待5G的态度却值得很多国家学习和借鉴。

3　美国——积极推进谋发展

美国作为世界上前沿技术积累较多的国家，在5G时代来临时，自然不会甘于落后，但在近几年的各类新闻报道中，人民大众对美国的5G技术一直存在着误区，认为美国的5G落后于中国，所以才疯狂地打压以华为为代表的掌握着5G技术的企业。

这种唱衰美国5G的观点是：美国的5G基站和5G用户都没有中国多（不同媒体报道的数字不同），最夸张的是认为美国的基站数量在数千个，而用户也只有数万个，而且从设备制造方面来看，美国缺少像华为这样的5G设备生产商，甚至连源代码、硬件技术以及芯片方面都十分匮乏。

基于上述所谓的数据和证据，一些媒体或是在盲目爱国的冲动之下，或是出于其他目的，最终形成了"美国的5G技术远远落后于中国"的认识偏差，一定程度上误导了普通民众。那么，真相到底如何呢？

一方面，关于美国5G基站数量和用户规模的问题。

从目前掌握的情况看，我们还无法准确得知美国5G发展的真实情况，只是从绝对数量上看必然落后于中国。但这并不能说明美国的5G技术落后，毕竟美国的通信技术早在20世纪就开始发展了，由此建立了强大的自动化工程，只要想做，各大巨头开动起来分分钟就能创造出成绩。同时不能忽视的是，美国的5G基站建设成本会高于中国，毕竟资本为王的国家里考虑更多的是现实收益，不会为了宏远的目标而牺牲自己，加之美国的人口少于中国，投入大量的5G基站收益会更差，这一点美国的通信制造商们必然会斤斤计较。

另一方面，关于美国到底需不需一个华为式的企业。

对美国来说，不是产生不了华为这样的企业，而是美国的自由资本主义不会允许这样的企业，以著名的高通为例，它的市场策略是从高端的技术（如过去的3G和4G）的通信协议向下衍生出一众拳头产品从而获得利润，是一种自上而下的盈利思维，而不是像华为那样从基站和终端入手。原因很简单，自下而上的盈利方式需要大量的投入，相对地剩余利润将大大缩水，与其费心费力地搞基础设施建设，比如专心去销售核心硬件和技术，这就是高通的生存策略。当然，这种态度也决定了高通在原则上和华为没有太大的利益冲突，因为它们一个处于产业上游，一个处于产业下游。

正是因为华为走了自下而上这种看似费力不讨好的路线，才从交换机、路由器和基站开始一步步触及到5G技术的核心，如果华为照搬照抄高通的发展经验，在一开始就生存不下去，因为它没有掌握核心技术。总的来说，高通的成功得益于美国积累多年的科技基础和创新思维，而华为的崛起背靠中国完善的制造工业，二者是不能相互取代的，至少从现在的情况来看还不行。

既然美国的先天环境诞生了高通，那么用华为去类比高通也就失去了意义，因为美国落后中国的是5G的设备制造，并非5G技术的研发，毕竟美国从1G时代就开始在通信技术上深耕积累了，而中国的起步还得追溯到4G时代。

美国具备研发5G的技术基础，想要追上中国只是时间问题，这就像是一个老练的车手虽然暂时没有汽车，但只要他有朝一日弄到一辆，立即就能飞一般地追赶先行者，很可能就在对手进入速度瓶颈时弯道超车。同理，中国发展5G技术，也绝不能忽视美国在这方面的竞争优势，如果我们不够重视对方，很可能会在新一轮的科技竞赛中吃败仗。

最后要说的是，美国的确存在制造业空心化的问题，主要是受制于人力成本过高，所以制造业基本交给海外工厂，本土的很多大企业只负责研发、设计和销售，这是美国目前存在的软肋，如果不能有效地改善，必然会影响在5G时代的发展速度。

2018年12月，美国国际战略研究中心发布了《5G技术将重塑创新与安全环境》的报告。报告指出，要将5G通信竞争从技术领域上升到国家战略层面，认为这是关乎美国国家安全的课题，世界范围内关于5G通信技术的竞争，本质上就是一场对国家安全产生重大影响的经济竞赛，最终报告里明确地提出"美国必须首先采用第五代通信技术"。

根据以往经验，美国一旦将某个问题视作和"国家安全"有关，那么一定会不惜一切代价解决它，而5G作为通信技术更不会例外，因为5G带来的是技术环境的变化，能够充分地将人工智能、云计算和5G自身网络融合在一起，如果美国不重视5G技术的发展，将在下个时代失去技术竞争力。

2019年4月3日，美国国防部国防创新委员会发布了《5G生态系统：国防部的风险与机遇》报告，在这份新的报告中进一步指出：5G的真正潜力将是对未来战争网络的影响。仅凭这一句话，我们就不难发现美国将5G技术视为国家战略并非是喊口号，因为由美国主导的局部战争一度扰乱了世界的政治经济秩序，而美国在战争准备方面绝不会落后于其他国家，所以无论资本家是否全力支持5G，美国从国家层面也必须加大重视力度。

2019年8月，美国国防部宣布将成立5G专项办公室，明确提出将5G列为最关注和优先发展的领域，在之后出台的《2021财年国防授权法案》中，国会要求美国国防部组建5G跨职能团队，预计将在

2023年10月前任命首席信息官负责5G网络的建设工作。这个所谓的5G跨职能团队将负责推进5G网络技术发展并将其集成到国防部的所有重大项目中。显然，美国已经将5G当成了关键战略技术。未来，美国必将为抢占5G领域的先发优势多措并举，推动5G技术的发展和应用，从而掌控在该领域的制定权，削弱世界其他国家的影响力。对中国来说，必须正视这个强大的对手，也要警惕在5G核心技术和推行标准上的争夺，减少我们推广5G网络的障碍。

4　欧洲——艰难的统一化进程

很多去过欧洲的人都表示，那里的移动互联网发展程度与其经济发展水平有些不相匹配，这不仅体现在移动支付、快递物流等方面，最让人感到不适的是，很多地方甚至连4G网络都没有，难怪网络上曾经流传"伦敦地铁乘客集体看书"的新闻，其真实原因是地下网络信号不好，只有看书才能消磨时间。

随着5G时代越来越近地融入人类生活中，欧洲却还在为4G信号不好而担忧，这的确是一个颇具喜剧色彩的话题。很多不了解欧洲的人都会想当然地认为，欧洲的发达怎么就没有体现在移动网络信号的高速性上呢？

由于欧洲包含很多国家，我们只挑出几个国家作为案例说明。

根据目前的数据来看，5G网络已经在欧洲的17个国家和地区推出，其中处于发展前端的是瑞士。那么，瑞士的5G普及率如何呢？2019年，瑞士一年就安装了2000多根天线，这对于一个只有4万多平方公里的小国来说已经够快了，但随之而来的问题是，一些居民担心无线辐射会给人体带来各种不良影响，所以极力阻止5G网络的铺设。一些用户通过地图查询到自家附近存在5G天线之后，就真的感觉到身体不适、难以入睡，这种病症被称为"电超敏性"，该病在瑞士的占比高达10%。

事实上，电超敏性未被认为是一种疾病，所以很难被发现，当然这种病症在发达国家比较常见，目前在诊断上具有困难，也缺乏相应的治疗手段，有研究认为这种病症并非是天生就有的，可以在后天某个阶段形成。

当然，电超敏性并非是影响欧洲推行5G网络的原因，但的确是因为它的出现，让瑞士不断放缓部署5G的计划，因为政府拿不出针对性的解决措施和有效的治疗方案。从这件事上我们可以看出，欧洲在5G建设上面临着多重困境，既有4G网络时代的根基不稳，也有用户对5G网络的不信任，最根本的原因还是在于欧洲缺乏统一的推动力量。

虽然欧盟的存在从理论上可以确保欧洲大部分国家同步调行动，但真的涉及到利益时，这种联盟关系就会暴露出各种问题。2020年欧洲疫情最为严重时，各国之间的互不相救甚至争夺医疗资源的事情就将该问题暴露无遗。因此纵观全世界的5G推进速度，欧洲十分缓慢。一方面，由于欧洲没有出现知名的互联网公司，也缺少具备5G技术的通信设备制造商，所谓的辉煌也要追溯到2G和3G时代，所以欧洲的5G基站数量很少，能和5G深度融合的行业和应用就更少。另一方面，欧洲的民众对5G技术存在陌生感甚至是排斥感，根据外媒调查，在英国愿意购买5G手机的人群十分稀少，这又造成了5G基站的铺设动力不足。

5G技术在欧洲被民众抵制已经不算是新闻了，在2020年上半年就出现了140起攻击5G基站事件，而从事5G相关技术人员也受到民众的威胁，他们或是被人煽动，或是盲目自发，其结果是将欧洲推向偏离的轨道，因此才诞生了很多反智的阴谋论。当然，反智并不是只在民众身上体现，在法国、比利时以及荷兰等国家的选举中，一些政客为了拉拢民众，公开声称需要调查5G，结果赢得了部分民众支持。

民众的盲目抵制让很多欧洲国家忧心忡忡，在2020年有15个欧洲国家联名要求欧盟采取有力措施应对抵制事件，目的是让民众真正了解5G技术，消除其对新技术的恐慌。由此可以看出，欧洲各国并非是不重视5G技术，很多国家都在努力部署5G基站，但是真正转入到商用服务的却很少，因为运营商要遵守各国的规定并接受欧盟的各种审查才能推进到下一个流程，这个过程甚至远超出单纯建设5G基站的速度。

欧洲的运营商虽然数量众多，但是它们之间的竞争性不够充分，没有出现标杆式的企业，所以在5G建设方面显得底气不足，而欧盟发布的《2013年宽带指南》又对5G网络的推广造成了阻碍。该指南是欧盟委员会针对欧盟成员国之间宽带网络的公共融资设立的规定，明确提出对宽带网络的公共资金施加严格条件，目的是优化竞争环境，然而这些规则无法让公共投资获得充足的融资空间，也就在客观上遏制了5G基础设施的投建，毕竟5G的投入不会马上获得回报。

其实，推广5G网络对欧洲的经济发展意义重大，一直以来，欧洲缺少谷歌、亚马逊这样的互联网时代产生的巨头，主要也是受制于资源和环境的不支持，让大量优秀人才外流，如果能够率先发展好5G，那就能创造良好的创业环境，有些小公司就有可能成为下一个谷歌或者亚马逊，这是欧洲各国最应该看到的问题。但让情况变得复杂的是美国介入，美国以抵制中国5G技术为话题，让欧洲各国对华采取敌视态度，这在客观上减缓了欧洲发展5G的速度，但美国其实是一箭双雕：既打压了中国，又限制了欧洲。如果欧盟各成员国不能清醒地认识到目前的处境，只能被美国在错误的道路上越带越远。然而，问题又回到了原点：欧洲是否能够齐心协力统一认识、共同行动呢？答案并不乐观。

5　其他国家——5G面前何去何从

5G技术从2019年的首次商用到2021年已经发展了近三年的时间，那么这个新一代的移动通信技术在世界范围内究竟发展得如何呢？要想科学地评判5G的发展程度，需要从两个方面入手，一个是被考察对象的网络覆盖情况，还有一个就是终端的发展情况。

根据2021年上半年的报告可知，目前全球已经有70个国家的169个运营商发布了5G，算上正在投资5G的运营商，总数已经超过了400个。其中，北美、亚太和欧洲属于5G的先发地区，大体上完成了5G网络商用（具体国家和地区依然存在较大差距，这是从整体上看），而南亚、东欧、北非以及中南美洲等地区也在加紧部署5G技术，最落后的是在撒哈拉以南的非洲，基本上在5G领域属于空白阶段。

那么，在已经开始建设5G网络的国家和地区，5G的实际使用体验如何呢？从目前掌握的54个运营商所宣传的5G最高速率来看，大部分都保持在1Gbps到2Gbps之间，个别运营商可达到4Gbps以上，这些数字的平均值已经达到了1145Mbps，远远超过4G时代的网络容量，足以显现出5G在数据传输上的巨大优势。

由于目前NSA（NSA是"Non-Standalone"，意为"非独立组网"，是5G的组网类型之一；另一个是SA，意为"独立组网"）是5G部署网络的主流，而SA网络从2020年开始出现并逐年增长，中国未来可能会进一步催化SA生态的成熟。根据现有的情况来看，投资5G SA的地区都是5G的先发地区，比如北美、中国以及韩国等国家，由此可见SA网络的优势得到了充分认可。

分析完网络的覆盖情况，再来看终端的发展情况。5G终端的类型丰富，除了手机之外还可以应用在工业路由器和网关、车载路由器等设备上，这也证明了5G应用的广泛性。从终端支持的频段来看，n78和n41目前是主流，紧随其后的是FDD频段n1，该频段曾被用于3G和4G，现在一些运营商选择将部分带宽重耕为5G来提升覆盖范围。

总的来看，目前5G在全球的部署，从中美欧日韩的引领逐渐扩散到五大洲，当然我们也得承认，虽然全球很多运营商开展了5G网络的投资与商用，不过发展状况还是不均衡的，这和不同国家和地区的政治经济政策以及文化、消费习惯有关。

从目前5G网络在全球的发展状况，可以归纳出以下四个特征。

第一，5G的规模和影响力将持续放大。

根据预测，2025年全球的5G用户将达到18亿，占比为20%，此外在2020年到2035年之间，5G对全球的经济贡献将达到每年2000亿美元上下，而算上间接产生的贡献将合计超过3.5万亿美元。因此5G就是一辆高速列车，不能成功上车的都将失去吃红利的机会。

第二，5G的建设速度会越来越快。

虽然现阶段5G设备市场处于调整之中，建设速度放慢，但在两三年之内，速度会恢复正常，因为不少国家和地区已经看到了快人一步的重要性，势必在2025年这个关键的时间点之前完成布局，至于新冠疫情所产生的负面影响，对5G技术的整体推广不会产生严重阻碍。

第三，5G的商用差异将会越来越明显。

各个国家和地区都在分批化地发展5G技术，比如东亚地区会领先5G网络建设，而中东地区有实力进行数字基建的国家和地区也会走上规模化的发展道路，至于欧美地区则会注重使用性，不会以完成若干5G基站为目标，至于南亚、非洲以及拉丁美洲则会保持相对滞后的状态。

第四，5G网络将从人口密集地区开始建设。

由于5G的基础设施投入浩大，因此除了像韩国这样人口相对密集均匀分布的国家外，大多数国家都要从人口密集地区开始，而美国这样人口分布不均衡的国家则更看重经济价值，所以会采用集中覆盖的方式而非全面覆盖。

虽然具体的发展道路不同，但5G是未来的方向已成为全球共识，最终结果如何还要受到一些不确定因素的影响，主要体现在三个方面。

第一，政治因素。

未来全球经济霸权的争夺和数字经济息息相关，而这也注定成为各国角逐的主战场，因此美国为了打压中国才不断对华为和中兴进行制裁。这种政治层面的博弈，都会成为5G网络发展的关键变量。

第二，应用场景。

5G时代需要将5G技术与各行各业深度融合，这才是万物互联的根基，单纯发展5G是不能产生颠覆性的变革，而在这方面能够走多远，目前还是一个未知数，毕竟5G网络包含了人工智能、云计算、大数据、物联传感等多项新兴技术，等于在新领域中再度创新，不经历一个复杂的磨合过程很难产出令人满意的结果。

第三，产业协同。

5G网络的铺开是生态协同的过程。需要经历基础设施规模化、终端降价与用户规模化以及内容与应用生态放大这三个必然阶段，最终巩固5G产业。所以，未来各国是否将基础建设当成首要目标，将直接决定5G时代的最终落地效果。

毫不夸张地讲，21世纪的20年代将是全球5G网络蓬勃发展的10年，预计在未来会有更多5G网络商用，它们将会为人类社会的经济发展提供新的生产力平台，只要是不甘于落后的国家，都应该加快5G网络的建设速度，否则很可能会在新的时代被其他国家远远甩在身后。

6　新形势新发展，国际通信合作

通信行业是一个高度依赖业界标准的行业，就像火车轨道，如果不统一规格，就无法实现互通互联。在经济全球化的大背景下，在元宇宙和万物互联的概念被普及全球的前提下，世界各国在移动通信领域的合作程度必然要进一步加深，这是大势所趋。

2019年4月23日，上海举办了以"联通5G 共见未来"为主题的5G创新发展峰会暨中国联通全球产业链合作伙伴大会，会上，中国联通宣布和8家国际运营商共同发布5G国际合作联盟。这次由中国联通率先发起的5G国际合作联盟，目的是和联盟成员共同开发5G技术，从而推动5G网络在全球范围内的建设速度，同时也会推动中国自主品牌的5G终端走出国门，与全球各大运营商展开更深层次的合作，这也是中国5G全球化布局的一个重要步骤。

2021年9月27日，中国国际信息通信展览会在北京召开，本次展会以"创新点亮数字化未来"为主题，总计约有400家知名企业参展，吸引了国内外通信企业的广泛关注和热议。在这次会议上，工信部明确表示中国将支持信息通信业"走出去"，广泛建立国际合作。众所周知，信息通信业是国民经济的基础性和战略性的产业，在对推动社会经济发展方面发挥重要支撑作用。在5G建设的大环境下，中国的信息通信业肩负着一系列的重要使命，只有建立广泛的合作才可能深入推动其高质高效地发展。

在本次展会上，中兴的V2X云控平台高调亮相，它的核心功能是为网联车辆提供高精细局部动态地图、边缘计算以及V2X标准应用等精密服务，一旦投入使用会有力地推动智能网联汽车产业的发展，而为了扩大其影响力，优化其适应性，中兴正在积极携手全球伙伴加速5G终端的商用进程，目前已经已完成超过1000件的5G终端专利布局。截至2021年9月，中兴的5G移动互联终端已先后进入30多个国家和地区。

2021年11月4日到5日，在北京召开了由中国信息通信研究院主办的"东盟和中日韩5G网络安全技术与产业培训会议"，受疫情影响采用线上线下相结合的方式展开，柬埔寨、马来西亚、老挝等国家的通信行业领导者都参加了会议并进行了发言，本次会议以"加强开放合作互信，携力推进5G安全发展"为主题，深度交流了5G发展与安全技术进，中国针对5G安全技术和应用等问题进行了培训，分享了中国在5G应用安全方面的成功案例，加强了亚洲地区5G网络的推进速度和融合领域。

从2021年中国通信战略可知，全面提升新型数字基础设施发展水平是重中之重，围绕这个重点开展"双千兆"网络建设，也是为了进一步发展工业互联网和车联网，与之同步的还有云计算、大数据和人工智能等创新应用，而这些应用如果只能在国内进行就会大大限制其发展空间，所以中国才确定了加强行业对外开放合作的步伐，为的就是在电信领域推动市场化改革，最终获得国际共赢。

在呼吁国际共建5G时代这个问题上，中国一直在积极倡导，一方面和中国的5G技术领跑地位有关，另一方面也因为中国着眼于世界经济格局的战略视角。早在2019年的世界移动通信大会上，中国工业和信息化部总工程师张峰就呼吁：各国通信产业在经济全球化的背景下，应该共同努力打造一个公正、公平、透明的发展环境，以国际规则和市场原则为准绳，实现产业内部的良性竞争，毕竟5G产业是一个紧密相连的产业生态系统，没有哪个国家、哪个行业可以完全置身事外，所以只有合作才能打破障碍，变天堑为通途。

目前，全球还有相当多的国家和地区处于2G、3G、4G多制式共存的状态，虽然大家都意识到5G技术是时代的必然选择，但是在升级或者淘汰旧有网络的过程中，总会遇到成本问题和技术难题，这就导致5G的推进速度放缓，各国的发展水平呈现出严重的不统一，对未来的智能互联是产生负面影响。因此，只有本着全世界合作的态度，才能共同探讨并妥善解决上述难题，让每个国家的普通用户和各类产业都能享受到5G时代的便利，这也是华为、中兴等中国企业积极进行跨国合作的根本出发点。

愿望是好的，现实却总是存在这样或那样的问题，受到国际政治因素的影响，一些国家热衷于隔离来自外部的5G技术，虽然这从国家利益的角度看无可厚非，但如果将这种态度放大到极致，将这种政策执行到极致，那就会从根本上断绝本国和全球实现信息互通的成果，而且从长远来看，这种排斥外国网络设备供应商的行为，只能让国内的网络设备制造缺乏竞争和向上的动力，从长远来看会大大拖慢国家的通信事业发展，由此带来的后果还是由本国的用户和企业买单，因此打破隔离是实现万物互联的前提条件。

　　中国比很多国家更清醒地认识到这样做带来的后果，所以才会站在全球格局的角度和普通用户的角度倡导国际合作，因为5G所需要的国际形势和2G、3G时代不同，它不应该只是连接本国的设备和网络，必须走向国际才能将功能盘活，我们都渴望着拥抱5G时代，但没有广泛的国际合作，5G就可能沦为一个"小众用品"，如果真有那一天，这种结局不是某个国家的悲哀，而是经济全球一体化的悲歌。

第五章

CHAPTER 05

不止通信，5G 的诸多应用

1 不再受限的环保事业

5G时代，不仅仅是用户获得更高网络体验的时代，还是一个将5G技术与各行各业充分结合的时代，在不同的领域都能展现出5G技术的魅力，而与人类生存息息相关的环保事业，也将在5G时代迎来新的变化。

保护环境如今已经成为人们的普遍共识，但如何解决这个问题，不同的人给出了不同的答案。像埃隆·马斯克这样的野心家把希望寄托在火星上，这条路或许可行，但还要突破重重障碍，眼前最实用的办法是通过节能减排来完成环保的终极目标，而5G技术则有望实现这个目标，方法就是它能够造福绿色科技。

或许一些人会不理解：5G网络和环保事业有什么必然联系呢？我们知道，5G是一种高端的无线技术，优势是跨时代的，虽然它需要投入更多的基础设施建设，但这并不意味着5G会更加浪费能源，相反，因为5G可以实现万物互联的目标，会通过智能计算减少各行业的能源消耗，而这是4G技术所做不到的。

根据行业内的预测，到了2035年，全球的公共事业和家庭能源能够减少高达181兆吨的二氧化碳，而汽车工业可以减少430兆吨的二氧化碳，至于制造业则更是惊人，可以减少约4000兆吨的二氧化碳。这组预测数据并非是异想天开，而是根据5G的技术能力进行的科学预测。

第一，5G传感器可以帮助发电厂控制能源消耗。

5G技术具备将可再生能源的过剩生产和家庭存储系统和需求相联系的功能。打个比方，一部安装了5G传感器的智能电表，可以通过提供家庭用电的实时数据来帮助减少二氧化碳排放，比如测算出某个家庭近期无人居住或者出售了大功率的电器，再测算出某个工厂最近削弱了产能，将所有这些数据汇总起来，就可以制定出一个当月减少发电量的节能计划，而且这个感知是同步进行的，因为5G的高速信息传递会及时反映出用户的真实需求，不存在信息滞后的情况，这比主观预测用电量或者逼迫用户减少用电量更科学也更人性化。

第二，5G网络可以减少人们的非必要出行。

在一个人人都要出门才能工作和社交的时代，交通工具必然会消耗大量的能源。在5G时代就不同了，很多工作通过网络就可以实现，这不只是简单的视频沟通，而是可以通过虚拟技术让使用者亲临现场，真正做到身临其境。另外那些偏远地区也可以通过5G网络的覆盖和大城市密切连接，在不同的空间里共同做某件事。

第三，5G技术可以减少出行的碳排放量。

当每一辆汽车都引入5G技术以后，就能实时了解路况信息，比如某条道路是否在堵车，某个地方是否有停车位，这比现在的GPS要更加便捷和高效，而交通部门也可以实时进行调度，不必担心因为信息滞后造成交通事故，驾驶员也可以提前预知道路信息从而减少错误的行驶路线，从使用的层面减少二氧化碳排放量。

第四，5G技术减少制造业的能源消耗。

根据上述提到的数据，5G时代的智能制造网络可以节省4000兆吨的碳排放量，虽然具体的方法现在不得而知，但大体的操控逻辑我们可以额推导出来：运用5G技术将需求与电网中过量的可再生能源的数值联系起来，灵活地调节不同设备消耗能源的配比，同时虚拟技术也可以减少一部分工作岗位的亲临现场，通过远程办公的方式有效参与。在具体的工作场景，智能机器人可以通过5G网络实时地执行指令，而智能计算则可以帮助机器人设置最合理的行动路线和操作细节，这些都可以减少能源消耗，提高生产效率，比如将货物从A区搬运到B区，可以在货架中以最短的路径完成目标，期间还可以转运其他货物，而如果依靠工人就很难进行智能化的搬运。

第五，5G时代的智能城市会更轻松地节约能源。

当整个城市都引入5G技术以后，就可以将城市视为消耗能源的整体，设定一个预期值，然后合理地进行分配，同时在智能化手段的帮助下控制能源消耗。比如智能路灯，可以根据某个路段某个时间内通行的车辆和行人的数量制定照明时间甚至是照明亮度，如快速行驶的汽车会需要更明亮的灯光，而行走相对缓慢的路人只需要较弱的光线，这样的合理安排既节约了能源又不会引发交通事故。除此之外，智慧城市还会根据不同商业街区的人流密集情况实时管控能源，比如在某些步行街人迹稀少，就可以减少一些公共设施的能源消耗；再比如一个公园安装了音乐喷泉，但因为某个时间段内游人稀少，喷泉就可以暂时关停或者调至最低的功能档位，最大限度减少能源消耗。

第六，5G技术为信息传输提供无缝连接。

5G技术的高效传输可以实现不同网络中、不同设备的信息流转接，而在过去，这种转接会存在"过场阶段"，也就是会多消耗一部分时间，自然也会多消耗一部分能源，而5G技术可以实现万物互联，能够简单方便地从一个蜂窝网络漫游到另一个蜂窝网络，即便跨越数百里也能无缝连接，从而减少资源浪费。

当然，5G技术在环保方面的建树还不止于此，以上只是预测了人们经常接触到的、最容易理解的应用，而这些应用恰恰构建了一个个发力点，5G网络就是将这些点连成面的根基，有了这个根基，人类社会对能源的合理利用会越来越理性化和智能化，同时用户也不必刻意为了节能而节能，将生活体验和能源消耗维持在一个合理的平衡关系上。

⌬ 2 医疗的更多可能

4G技术被认为是"改变生活"，而5G技术则被认为是"改变社会"。毫不夸张地讲，5G中有80%的应用是服务社会大众的。

2020年新冠疫情暴发后，武汉仅用七天就建成了火神山医院和雷神山医院，之所以有让人惊叹的"中国速度"，其中一个重要原因就是我们率先使用了5G网络，让混乱的疫情诊治在数字化的调度下有秩序地进行，可以远程无接触地进行诊疗，大大降低了感染风险。但有人就此陷入误区，以为5G技术在医疗领域只能提供远程诊疗和远程手术。

在专业人士的预测下，5G将在医疗领域发挥如下重要作用。

第一，疏通信息传递。

高速和高效是5G最显著的标签，随着医院部署的医疗设备和移动设备越来越密集，卫生系统的IT基础设施带宽也将面临信道拥堵的情况，直接影响到工作效率，也威胁着病患的诊治。而5G的出现将会优化这种状况，打通逐渐不畅的信号通道，让患者在一条直达康复的快速通道上安全抵达目的地。

第二，缩短医生和病患的距离。

随着5G网络的全面铺开，远程医疗会成为物联网医疗最前沿的存在，因为它能够让移动端的设备实时获得高质量的视频，病患可以被远在千里之外的专家治好。事实上，从2017年到2023年，远程医疗市场就在以16.5％的复合年增长率增长，而5G的不断发展只能持续提升增长速度，真正让患者享受到足不出户的医疗服务，这对于生活在偏远地区和不便出行的病患来说无疑是利好消息。

第三，精准实施远程健康监测。

预防疾病的发生比治疗疾病更有现实意义，但受制于不同地区、不同人群所享受的医疗服务，专业的健康监测是稀缺的存在，5G技术将改变这一现状，可以重新构建一个无处不在的移动监测站，通过高速网络实时监测任何地方的病患，为患者提供必要的预防性护理，对于健康人也能提供高效率的体检，将一切疾病扼杀在摇篮之中。当然，智能化的穿戴设备是远程监测的重要组成部分，它会随着5G技术的升级而更具科学性，减少误差，则降低医疗成本。

第四，创新远程机器人手术的新形式。

未来，由各种类型的机器人为患者做手术已经成为发展方向，但目前在临床表现上还十分局限：机器人在手术时依旧需要外科医生进行操作和监控，这无疑是一种医疗资源的浪费，也失去了机器人诞生的初衷。而随着5G网络得到普及，机器人的响应速度和智能程度会趋于完美，可以在绝大部分手术中替代医生，成为患者依赖的新对象。

第五，快速传输医疗数据。

如今，数据的电子化已经在各行各业普及，而医学数据出于其严谨性，每一张图片都十分精细，导致其文件容量极大，通常一个病人的核磁共振扫描数据就高达1GB大小，而在4G网络环境中传输一份这样的文件要耗费十几分钟甚至更长，而且不排除传输中断的可能，这是在浪费医生和患者的时间，而5G的普及将彻底改变这种现状，为病患提供更现代化的医疗服务，也能提高医生的工作效率。

第六，缓解病患就医时的恐惧。

看病会让人心生恐惧，这符合人类的本能，而虚拟现实设备的出现，将会为病人提供一个分散注意力的机会，减少因为看病引发的紧张感，特别是对于临终病人来说是最好的精神安慰剂，可以让他们在离开人世前与亲人好友在虚拟世界相聚，也可以在一个自己期待的奇幻世界中安然地走向人生终点，医疗服务将变得更加人性化。

5G改变的不仅仅是医疗生态，还包括医疗活动中的某些规则。试想一下，一个病患可以和自己信赖的医生通过虚拟技术在"诊疗室"里接受诊治，然后用几秒钟就下载完了刚刚扫描过的医学数据，这样的医院运转起来必然是高效的，而患者也会减少就医成本，让那些对看病心怀焦虑的人大胆地和医生在线上接触，让更多的人敢于正视健康问题，由此带来一场涉及医学理念以及人生态度的思想变革。

5G技术正在引领医疗行业发生一场变革，无论是传输大型的患者文件还是进行高难度的远程医疗，都可能挽救更多患者的生命。不过我们也应该注意到，5G技术和医疗行业相结合之后，其安全性也必须重视起来，因为一旦在信息传输、智能化等方面出现故障，危害的可能是一条条鲜活的生命，所以未来必须要加强在医疗数据安全、医疗设备性能稳定等方面的安全工作，确保在智能设备大量增加的同时避免使用风险。

5G网络大大提高了无线网络的速度、覆盖范围和响应能力，这些新技术对医疗事业的发展有着重要的推动作用，只要将5G技术的实时高带宽和低延迟访问特性等优势充分发挥出来并与医疗行业深度结合，那么就会大大扩展医疗应用的程序功能，提高医疗设备的智能化，还会诞生一批专为医疗工作而生的机器人……从这个角度看，5G技术将带给医疗无限可能，这种可能会随着我们对5G技术的认识加深变得更为真实，届时将为无数患者送去新时代的福音。

3　智能家居，智慧的家

面对即将到来的5G时代，普通用户最大的心愿就是，能够让5G技术和自己的生活融合得更深，毕竟工业、农业上的技术融合虽然和自己有关，但毕竟不能直接去体验，所以从消费者的角度看，能够让自己所在的世界融入"元宇宙"之中，才是最让人激动的创新，而这个世界就是家。

其实，智能家居的概念已经出现很多年了，主要包括智能中控主机、智能锁、智能窗帘、视频监控以及家庭影院等，虽然现在市场上已经出现了所谓的智能家居，比如智能音箱、智能风扇、智能灯管等，这些智能化设备依靠网络去感知人们的指令，然后用网络进行信息交换，给用户提供相应的服务，但目前家居产品之间的联动性还远远没有达到万物互联的程度，不过是增添了一点智能化的功能而已。比如可以订货的冰箱、可以操作少数设备的智能音响等，它们的局限性就在于联动的范围太小，自动化的程度也有待提高，而且一旦网络出现延迟，这些智能设备所作出的反馈就跟不上，大大降低了人们对智能化生活的体验感。

当然，有人会提出反对意见：人总是要活动的，不能把对家居的掌控权完全交给人工智能，而且大量使用5G还会增加智能家居产品的价格。这个观点有一定道理，但从长远来看，家居系统是整个世界的一部分，更是普通人一生中最常接触的场景，如果它不能和元宇宙接入在一起，你的家庭就是和世界脱节的。

随着5G技术的逐渐推广，产业也会越来越亲民化，所以成本会逐渐下降，并不会提高准入门槛，而且消费者付出的成本并不会打水漂，因为5G技术对智能家居的影响是颠覆性的。

第一，设备响应速度变快。

智能家居中的安防和家电都需要快速且稳定的通信网络，在4G时代是无法实现这个标准的，所以只能在小范围内让家居产品智能化，但进入5G时代以后，设备与设备之间的信息交换速度会加快，每秒可以达到10GB，这样传输速度就能轻易地负担更多的设备连接和更大的传输流量，用户在使用时也会得到最好的体验。当我们面对一个反应灵敏的家居产品时，才会产生"它是有意识的生命体"

的错觉。

第二，家用安防进入新的发展阶段。

随着人们生活水平的提高，对居家安全越来越重视，而智能安防是目前智能家居领域中比较成熟的部分，比如智能门锁、智能摄像头和智能猫眼等，在保护家庭安全方面发挥了重要的作用。但如果用户的居家环境够大，拥有三层别墅这样的住宅，那智能安防就会受到信息传输的影响，而5G网络的连接会让智能家居的反应速度更快。比如当家中遭遇失窃时，摄像头会清晰地捕捉窃贼的形象而不会产生过大的延迟，作为破案的依据则发挥重要作用。这些飞跃式的提升会让用户真正置身于一个安全的环境中，困扰人们的入室盗窃、骚扰甚至家暴等问题都能迎刃而解。

第三，实现局域网内的万物互联。

万物互联对很多普通用户是一个过于庞大的概念，很难直接感受到，但5G时代的智能家居系统，会使物品和物品之间彻底打破"信息孤岛"，通过多个传感器将相互孤立的信息连接起来。但要实现这些还要建立一个公共的行业标准，让不同品牌的产品互相连通，所以未来5G技术必然会推动行业标准化的发展，让用户在不同品牌的家居产品中也能体验到"打成一片"的整体性与和谐性，真正享受到被科技服务的至尊之感。

第四，用户体验进一步提升。

如今人们对于高效便捷的生活有一种执着的追求，而且也进入到消费升级的时代，但是目前智能家居市场中没有多少让人满意的产品，都是因为它们只能在较低的功率下工作，因为超出这个范围就会不受控制，但是随着5G技术的推广，高效率的智能家居产品会越来越多，将直接提高智能家居的信息监测和管理能力，尤其是家庭影音和视频通话质量会有显著提升，用户可以在家中与出差在外的家人模拟共进晚餐，这种温馨感会给用户带来更好体验。

对于智能家居厂商而言，5G时代的到来必然会带给他们更多的产品优势，但在使用5G网络时也会面临新的问题，比如家居产品的能耗问题，毕竟5G的高速数据传输会提升电耗比，所以智能家居产品要在续航和省电重新谋划思维。

智能家居将在5G技术的助推下实现功能的再升级，无论是升级后的传输速度还是更快的反应，都能从根本上提升消费者对产品的认可度，那么在一个大容量、低延时的新时代，不同品牌的智能家居产品也要面临创新要求，只有更好地匹配5G网络才能将产品优势发挥到最大，这需要企业自身的探索和努力，也需要行业的共建与合作。

④ 提升政务处理能力

5G网络改变的是各行各业的运转方式，从生产领域再到服务领域，其中行政管理也将受到5G网络的积极影响。如今，政府推出的"互联网＋政务服务"就是依靠互联网思维、互联网技术进行融合创新的新生事物。这一融合不仅提升了政府各部门的运作效率和服务水平，也重新构建了新的操作流程，对公共以及政务服务提供了一种新思路，达到政府服务体系想要"升级和重塑"的目的。

最近几年，随着数字经济和智慧城市的快速发展，政府也主推数字变革，加强"智慧政府"的建设速度。为更好地推动智慧政务的普及，还推出了多项鼓励智慧政务建设的政策。在这样有利的大环境下，依托5G技术的智慧政务系统进步飞快。

现在，中国已经进入到5G商用的元年，智慧政务系统结合超高清视频以及VR/AR等技术，通过提升智慧政务远程服务能力，让老百姓办事更容易，体验更良好。现在全国各地都在积极发展5G+智慧政务，打造智慧政务大厅，涌现出很多典型案例。

广东省广州市南沙区政务服务数据管理局，在南沙区政务中心开设了"5G网络+"应用试点，提出让群众办事在"毫秒"内完成的目标。事实上这个口号并不夸张，因为政务中心已经为群众提供了办事材料高速上传的服务，确实可以在极短的时间内完成数据传输，而上线的微警认证、人脸识别以及在线实时排队三项服务，也让群众少跑腿，在最短的时间内办完业务，未来，政务中心还将继续提供如VR政务服务、A1引导以及远程办事等智慧政务服务。无独有偶，广州市中级人民法院现在打造了5G智慧法院联合实验室，加快5G技术和法院诉讼服务、庭审以及执行等环节的工作融合，从而实现远程庭审无延时、外出执行任务可进行远程指挥等目的。

在浙江省宁波市，中国出现了第一个5G智慧海关，增加了智能卡口、全景监管、移动查验等新功能，符合中国海关的日常监管要素，目前已经实现5G+AR全景监管和5G+智能卡口两项功能，未来还将继续助推5G技术、物联网、大数据以及云计算等应用。

以上案例证明中国在智慧政务建设方面敢于推陈出新，也愿意扩大适用范围，目的就是为了实现全国性的、系统性的5G与政务深度融合的新格局。当然，想要真正建立符合新时代要求的智慧政务，还需要在以下方面做出努力。

第一，开放高效的智能应用系统和生态。在数据资产被进一步整合和开放以后，5G技术必将加深政务流程和新技术创新能力的融合深度，从而推动AI应用的创新速度，成为电子政务向更高层级演进的新引擎，确保数字中国战略的早日实现。

第二，建立全领域的智能终端的数据采集。未来将不断通过5G的大连接属性，拓展出更为广泛的新数据源，让政务系统中的边缘智能管理也能被充分激活，让海量的政务数据中结构性较差的数据被进一步挖掘出价值，从根本上提升管理能力和管理效率。

第三，构建真正智能的中枢。通过5G网络在万物互联中完成智能运行和自我完善的主要步骤，同时以5G的云边协同为基础，让城市中具备一个智慧的头脑，这样才能打通城市治理的屏障。

第四，打造城市极速专网和泛在物联网。达到这个目的的必要手段是通过5G网络为政府各单位按照实际需求和业务类型建立安全性更强的虚拟专用网络，从而消除安全隐患，为重要数据的提取和传输提供保障。

从2012年到2020年，中国在移动政务和数字治理领域不断创新，从最初的政务服务App等小程序，发展到后来的统一在线政务服务平台，直至今天努力探索的智慧政务服务，进化升级的速度十分显著，对政务服务与城市治理发生了深远和广泛的影响。

在智慧政务发展的过程中，如何通过5G来提升政务服务体验并解决目前政务数据管理的痛点成为很多地方政府的共识，毕竟中国是一个地域广大、人口众多的国家，海量的数据处理没有高速高效的现代化网络是难以实现的。因此，下阶段的智慧政务系统的发力点会落在建立何种灵活组网的方案上。另外，通过5G量子通信保障数据资产的安全也将成为重要的诉求点。

随着政务服务创新不断进行改革和创新，当前的移动数字政务无论是在用户体验上还是在服务手段上都给人耳目一新的感觉，但是仍然存在两大痛点：一个是智慧政务服务迫切需要解决用户的分众化和场景化的现实需求；另一个是大规模、无差别的统一在线政务服务平台提升用户获取服务的成本。相信在未来的5G时代，这些问题会在新技术的诞生下逐一解决，让民众切实感受到5G时代翻天覆地的变化。

5 线上教育进军主流

2020年，新型冠状肺炎肆虐全世界，教育行业出现不同程度的损失，为了尽快展开教学，各大院校和中小学快速响应迅速，开展线上教学，这也是线上教学模式第一次引起如此巨大的社会反响。在开展线上教学的过程中，无论是老师还是学生，都遇到诸多问题，其中既有关于设备和网络的，也有关于软件和功能的，更有关于学习方法和习惯的。一些问题通过软件的更新和改变学习方法得以解决，但仍有一些难题无法解决。

5G的建设日趋成熟，5G时代渐渐掀开她的面纱。随着网络技术的更新换代，线上线下界限正在变得模糊，5G的到来更是加快了这一进程，这是大势所趋，同时也是教育行业急需的变革。

传统的教育模式中，教师与学生面对面接触，互动感更强，但是难以随时掌握各个学生的学习状态和进度，而线上模式轻松解决了这些问题，在线上通过捕捉学生的听课情况、回答情况和测验情况，绘制每个学生的学习曲线，清晰反映出学生一段时间内的学习效果，也可以根据每个学生不同的成长速度制定学习计划，真正的因材施教。

当然这一切的实现要以高速度、高宽带和低延时的信息联结技术为前提，5G的到来正式宣告打破这些局限，给教育行业带来极为可观的未来。

5G网络覆盖之下，首先改变的是线上互动，延迟将减少到10毫秒以下，提供了更为流畅的视听体验，让教学效果达到了最大化。传统的线下教育无法适应时代的需求，应运而生的线上教学又受制于网络，过分依赖于网络，而5G到来提升了设备的性能、加快了网络速度和降低了网络延迟，这些从根本上解决了线上教育的互动问题。

高效、便利、低门槛、低成本是5G技术的显著特点，而这些却是长久以来限制教育行业发展的因素。线上教育不仅有直播模式，也有录播模式，有着线下教育不可比拟的空间优势和时间优势，无论身在何处，无论是在何时，都可以学习新课程或是重温课程，极大降低了时空成本。

5G与其他智能技术的结合，将给线上教育带来更多的可能，人脸识别技术、AI老师、个性化推荐、大数据分析、VR技术正逐步被应用到在线教育。

5G与AI技术的结合，可以通过摄像头捕捉学生的面部表情，通过面部表情的变化进行大数据分析，得知每个学生对于当前知识点是否困惑，教师可以在课后根据这些反应针对性教学，调整自己的授课进度，甚至发送不同的课后作业，提高教育效率。

以往的测验，因为教师的人力资源有限，难以考察口语，在线上两者结合的模式可以考查学生的口语，通过AI智能技术识别学生的口语表达，自动评判和纠正学生的发音，弥补了线下教学模式的不足。现在，5G与VR的结合，让沉浸式教学变为可能，让学生从被动接受的学习模式变为主动学习，在VR的沉浸式学习环境之下，注意力更容易集中，也更愿意接受知识，学习效率自然有所提升。

心理学家也赞同这一理论，"我们的大脑天生容易记住那些直观和易于理解的事物，沉浸式的VR环境刚好能够营造生动逼真的环境，因此更容易让学员印象深刻。"

除此之外，5G与VR的结合将解决许多实际教学中的问题，对于各类有危险性的实验，5G与VR既能让学生实现动手做实验的目的，又避免了实验中的危险。对于成本昂贵的实验亦是如此，通过VR可以得到真实的实验体验，大大节省了实验费用。

对于一些以往难以体验的教学场景，VR能够帮助学生体验和感悟。届时，我们可以进入到一个虚拟的场景中，感受周围发生的一切，甚至可以体验灾难、感受死亡，亦或走进历史，这是传统教育模式不能带来的教学体验。

VR可以创造虚拟人物，对于语言类的学习，学生可以与其自由交谈，更助于语言的学习，再结合AI技术，将形成强大的学习效果。

早在5G之前，线上教育就已经崭露头角。2018年，中国线上教育的市场规模超过3000亿，但仍属于初级阶段，消费群体不再局限于学龄期的学生，成年人成为主要的消费群体，提升学历、求职考证、个人提升等需求促进他们选择线上教育，并且取得了较好的成绩。成年人的自控能力好、灵活支配的时间多、学习目标明确，这些是青少年所不具备的，也是未来青少年线上教育该努力解决的问题。

　　线上教育便利快捷，是未来教育的发展趋势，同时也存在许多问题，门槛低导致行业良莠不齐就是长期存在的一大问题，针对这一问题，2019年9月中国教育部发布了《关于促进在线教育健康发展的指导意见》，其中要求到2020年，要建立全面的标准体系，规范线上教育软件和师资，改善线上教育环境，通过2020年一二季度的线上教育情况来看，收效明显。直播互动式线上教学模式，凭借5G的力量，能够随时答疑，解决学生学习中遇到的问题，营造良好的学习氛围，提高学生学习效率。

　　可以肯定的是，5G与教育行业的结合，将带来全新的授课和学习模式。除此之外，5G在教育行业中的投入，在很大程度上改善了教育资源的问题。线下教育，由于地理因素、师资力量等客观条件的限制，一所好学校和一位名师往往意味着更高昂的教育费用，而5G的到来削弱了这些竞争因素，即便是五六线城市的学生，也有机会拥有一流的教育资源，实现更多的教育公平。

　　5G不仅改变了人们的生活，更是颠覆了传统的教育模式，打破了线上线下的隔阂，其广度、高度和深度都是难以估量的。许多企业已经出手，正在借助5G的推广，将线上教育布局到三四线城市。对于学龄教育而言，线上教育不仅是一种阶段性的替代产物，更应该成为一种辅助的教育模式，甚至在将来成为主流的教育模式，在此基础上，教育行业应该寻求更多的发展机会和可能性。作为消费主体的成年教育，成人技能培训也是线上教育该发力的领域，巨大的市场在向人们招手，加快行业发展，扩大市场规模，是每一个教育机构、教育从业者和行业建设者该思考的问题。

6 掀起一场绿色农业革命

在过去的时代，人们常常把"农业"认定是落后的代名词，很多出生在农村的人，渴望的不是深耕脚下的土地，而是有机会进入大城市，去钻研所谓"更高级"的技术。的确，在机械化落后的时代，农业的科技含量确实不高，然而随着时代的发展和技术的进步，农业也在朝着智能化、现代化的方向发展。

随着5G技术的逐渐普及，数据分析、卫星识别和人工智能技术开始深度作用于农业领域，农业生产中的种植、养殖和加工等方面都迈向了智慧农业阶段，配合大范围的机械化，过去需要十几人甚至更多人的劳动，现在只需要一步手机和几台设备就能完成，已经不再是人们印象中那个传统落后的农业生态了。

5G作用于农业领域，最显著的变化就是实现智慧农业。智慧农业的定义是，把物联网技术与传统农业充分结合，通过传感器和软件依托各种移动平台或者电脑平台控制农业生产，让传统农业更具智能化，展开解释就是，可以通过设备收集大气、土壤、作物、病虫害等多方面的数据，以此为科学的参照来指导农业生产。

如今的田间地头，不再是耕牛劳作、农民挥舞锄头的场景，而是农民拿着手机在线获得水稻病虫害诊断的画面，技术人员也不需要亲临现场，只需要通过视频就能为农户提供精准的农技培训服务。

在农业基于5G的数字化转型过程中，出现了很多创新应用，比如利用智能机械代替人工完成播种、施肥以及收割的全作业流程；再比如在室内就能控制温室大棚的温湿度，从而科学维护作物生长等，作为消费端，用户的体验也更上一层楼：打开手机就可以追溯自己购买的农产品的来源甚至是生长过程，不用担心有超标的农药残留，真正享受绿色农业的恩泽。

中国电信的物联网平台，现在已经进入四川凉山的普格县五道箐乡，那里的蔬菜大棚只要用手机扫描一下二维码就能直观地了解生长的全过程，详细到蔬菜生长过程中的各项环境参数以及日常使用的农药化肥情况，消费者通过链接还可以直接进入销售平台购买，十分方便和高效。在河南的漯河，田里的土壤中插进了传感器，每隔30分钟就会收集一次本区域的土壤水肥数据，随后将这些数据上传到平台大数据中心进行分析，从而作出相关的操作建议。

中国是一个水稻种植大国，目前面临的生产难题有两个：一个是种植质量亟待提升，另一个是单亩产量增长受限。如果未来大量引入5G技术和AI相关技术，那么在水稻选种阶段，通过智能识别就可以筛选出颜色好、纯净度高的优良稻种，在接下来的育种催芽过程中，依靠温度和湿度传感器和高效的数据传输，就能随时随地对种子的温度、湿度等状况监控，真正让每一寸土地都受到精心的呵护。至于秧田的选择，可以通过植入大量的传感器对土壤质量进行精准的检测，从而决定这块土地适合种植何种作物以及需要哪些肥料等等，最大限度实现高产。

在广东阳江，由于高效部署了5G网络，通过大带宽、广连接等特性，随时将重要数据上传到数字化农业管理系统中，从而实现茶叶溯源、水产养殖VR全景视频展示等功能，还能帮助农户进行智慧交易，让5G技术覆盖产销全环节。现在，中国其他地方在意识到自动化带来的便捷之后，将5G农业和农业大数据等项目都当成是未来在农业领域发力的重点。

在防治虫害方面，5G的作用也相当重大，高效的信息传输可以确保无人机进行植保作业，一旦发现虫害就可以精准地喷洒纳米农药，取代了过去单纯依靠人力的操作方式，还能避免在使用农药时危害到农户的身心健康。当然，在防治方面5G技术更有发挥的空间，可以通过传感器及时发现病虫害并通过智能诊断平台快速制定出解决方案。比如，江西赣州市茅店的九橙生态果园，依托江西移动的5G网络，通过无人机拍摄，再用AI图像识别技术，可以自动统计果树数量，还能凭借光谱成像技术智能诊断病虫害并发出预警，帮助果农及时止损。

目前中国的5G农业发展程度还很有限，大部分的5G赋能都是强强联合的成果，或者是由政府牵头完成的，毕竟在这方面的农业投资往往以亿元为基本单位，对于中小农企来说实在难以承受。基于现状，未来中小农企发力的重点应该落在设施园艺栽培、畜禽水产养殖、农机作业等领域，推广一些适合农户个体就能承担的低成本、轻简化的应用，在他们能够熟练操作以后，随着5G的技术成本下降，再推广更有技术含量的5G农业创新应用，这种循序渐进的方式符合中国的国情。

中国是一个农业大国，虽然我们正在努力提高工业化水平，但十几亿人的吃饭问题始终不容忽视，而绿色农业、智慧农业则是解决这个问题的关键。随着5G技术与农业在各生产环节的融合与创新，农民在告别"面朝黄土背朝天"这种传统耕作方式的同时，还能享受5G技术带来的各种便利，足不出户就可以在家中轻松种地，将土地变成科技田，而绿色的农产品也能真正满足消费者的需求，让大家见证一场波澜壮阔的绿色农业革命。

第六章

CHAPTER 06

虚拟现实与增强现实

1 人工智能无处不在

5G网络时代的来临，从客观上也对运营商提出了更大的挑战，因为需要建立空前庞大复杂的网络，在相关的服务适配方面也要比4G时代投入更多，如果单纯依靠人工规划来加快速度是不现实的，这就需要引入人工智能，只有将AI和5G相结合，才能有效地提高5G网络的智能化程度，也能提供给用户更多的创新性功能，具体体现在七个方面。

第一，语音处理和语音识别领域。

这里所说的语音不仅仅是指声音文件，而是一种自然的、拟真的语言处理功能，简单说就是通过人工智能去模拟一个可以对话的声音，创造出一个高度智能化的聊天机器人，它可以拥有实体，也可以仅仅是一个发声单位，它拥有可以以假乱真的人类思维，在逻辑上和情感上都更符合人类的现实需求，不仅可以帮助人们排遣寂寞，还能够替代目前所有的语音助手，成为生活和工作上真正的帮手。另外，在语音搜索领域，智能识别可以让人与机器设备更好地进行"交流"，免去手动输入、检索的麻烦，提高生活和工作的效率。

第二，强化计算机视觉和监视功能。

在网络监控领域，依靠人力是远远不够的，人工智能的出现可以让计算机系统变得更加敏感，比如在交通管理和财产保护方面，计算机会具备像人一样的识别能力和判断能力，可以充分感知到形象信息和抽象数据的变化，在商业领域和安全领域会发挥较大的作用。

第三，提高深度学习能力。

现在人工智能领域中的热点是深度学习，它也是语音处理和视觉监控方面的基础训练，尤其是在未来畅想的无人驾驶技术领域，没有经过深度学习的AI系统是不能满足实际需求的，而人工智能就相当于最好的"训练老师"，可以让机器具备解决复杂问题的能力，最终广泛应用在各个领域中。

第四，接手部分工作岗位。

人工智能是否可以取代人的工作，目前还存在争议，不过现在至少可以肯定的是，它的出现会让一部分岗位消失。比如在涉及敏感问题的处理上，如反腐、客户服务和批准放贷等，由于人工智能不存在私心，不会被情感等非理智的因素影响，会在解决纠纷问题时更加公正。另外在自动支付系统、生物测定以及指纹扫描仪等方面，人工智能也能接过部分岗位的工作，改变人力资源的管理模式。

第五，提供内容创作。

内容为王一直是各行业的共识，但是人的创造能力会受到情绪、环境以及其他外界因素的影响，存在着波动性，加上部分行业人力资源成本增高，如果选用更高效更省钱的人工智能，也能产出符合企业基本需求的内容，尤其是那种需要耗费大量注意力和精力的工作，虽然不至于完全取代人，但可以作为一种辅助手段，应对企业突然增加的工作量，减轻一些内容生产者的工作负担。

第六，向各行业提供预测服务。

企业管理中总是存在一些动态的、不易捕捉的信息，比如物流和供应链的管理等，如果实际情况和预期存在较大出入，那么企业就会蒙受不小的损失，而当人工智能介入以后，会根据企业自身的需求和市场上的动态数据构建一个预测模块，在5G高效率的信息传递下随时更新数据，进而作出最接近实际情况的管理方案。比如在"双十一"物流爆仓的情况下合理调配车辆、规划路线，可以最大限度地降低相关的运营成本。

第七，推动5G网络的升级和适配。

除了改变人类社会的生态之外，人工智能对5G自身的维护功能也不可小觑，因为5G需要打造一个空前庞大的网络规模，直接拉高了运维成本，而人工智能的介入会减少相当多的工作量。此外，由于大量的设备被接入到5G网络，安全问题也将成为5G时代的重要议题，而人工智能就可以发挥主动防御网络攻击的作用，随时检测异常情况并制定出应对方案，强化5G网络的稳定性和安全性。

目前中国在人工智能领域的成绩十分突出，与美国、日本等国

并列为世界人工智能大国，还推出了一系列有利于人工智能发展的
奖励性措施，结合我们在5G领域的优势和中国工业化进程，只要我
们能够抓住有利机遇，就能在新一轮的技术革命中占据主动权。

　　人工智能之所以被各行各业看好，是因为在人类对未来生活的
想象中，"智能化"的应用一直占据主导地位。比如高智能的机器
人或者智能设备，人们很容易会被这种"不用思考、不用亲力亲
为"就能享受便捷生活的美好图景所打动，因此人工智能是符合社
会大众期待的技术存在。伴随着5G技术的发展，人工智能恰好搭上
了一列高速列车，彼此相辅相成，共同迎接新时代的到来。5G就像
是一条强有力的臂膀在推动人工智能朝前发展，而人工智能则会以
5G为工具，挥舞着它对人类生活的方方面面进行重写。可以预见，
未来的社会是以5G为基础的社会，生产资料就是大数据，生产工具
是云计算，而人工智能会将这些先进元素整合成一个全新的生态体
系，从而颠覆人类对现有时代的认知。

2　VR、AR的未来

　　前些年，电影《头号玩家》为观众呈现了未来时代人人都生活
在虚拟世界的故事，一度引起热议。很多人向往一个能摆脱现实束
缚的、成为强者甚至是英雄的世界，而随着虚拟技术的不断发展，

似乎这个目标距离人类也越来越近了。

一提到5G时代，总会顺便提到另外两个概念——VR和AR。VR就是虚拟现实，是由人工创造出一个虚拟的环境或者营造出的一个虚拟世界；AR是增强现实，是通过技术处理产生使虚拟数字层套在现实世界上面。简单说，VR是让你在家中进入一个奇幻的小岛，而AR让你眼前的一个箱子可以被透视到内部。

一般认为，虽然VR为人们提供了一个纯粹的虚拟世界，但这个世界的虚拟程度还是不能让你完全混淆真实和虚幻的界限，但是AR却会让你在真实世界中看到神奇的一幕。当然，两种技术各有千秋，应用领域也不同。总的来说，VR可以广泛应用在娱乐、旅游、教育以及营销等多个领域，尤其是VR游戏的发展潜力很大；而AR瞄准的方向是信息交互上，比如用户戴上了AR眼镜以后，就可以通过眼镜呈现的画面了解某个物体（比如货架上的商品）的参数和价格，此外当用户看向特定的物体时，能够通过3D建模的AR画面与之互动，为现实世界中注入"魔法"的力量。

事实上，VR和AR技术诞生以来，虽然被人们寄托了不少期待，但目前还没有迎来行业的大规模火爆，主要原因在于VR和AR在实践方面和原有的市场预期不相符合。进一步讲，是VR和AR的产业链尚未成熟，就像一辆汽车只造出了强劲的发动机却没有其他配件。但是，随着5G时代的来临，VR和AR将迎来第二波爆发热潮。

那么，5G究竟能给VR和AR提供什么便利条件呢？在5G网络大范围铺开以后，VR和AR技术将成为用户连接网络的新入口，也就是在电脑和手机这两个常见终端之外多了一个节点，从而改变用户与终端的交互模式。相比之下，AR的连接作用会更加明显，因为AR是基于现实世界的，而这是用户进入互联网之前停留的世界，那么通过AR技术将用户代入到互联网中就显得更加自然。当然VR的作用也十分突出，它会变得更加垂直，聚焦在一些特定的领域中，比如游戏娱乐、远程操控等。VR和AR都将拥有属于各自的市场和广阔的发展前景。

可以预见的是，在5G网络深度作用于各行各业之后，5G基站的数量和密度都会增加。在高速通信的5G技术的推动下，云计算和边缘计算会成为重要的生产工具，那么作为端口的VR和AR技术也会在画面的精细程度和视觉时延体验方面进一步优化，超出我们现在的认知。这意味着用户的体验将更上一个台阶，这样一来，人类才真的有可能享受到《头号玩家》中沉浸式进入虚拟世界的快感。

当然，除了5G技术的推动之外，VR和AR的上游供应链也会随着技术进步越发完整，从而让VR和AR技术在体验方面获得质的飞跃，最直接的技术迭代就是VR和AR的核心显示模块。这些模块可以理解为高分辨率和高刷新率的微型显示器，让我们的眼睛通过它们进入虚拟世界或者一个被处理过的真实世界，而不像现在的VR设备只能尽量模拟真实世界，很容易会让用户出戏。同时，VR和AR设备带来的眩晕感也会随着更科学的解决方案提出而消除，让用户不再担心只能短时间佩戴，而是可以像《头号玩家》那样长时间地沉浸其中。

除了核心显示模块，VR和AR的专用处理芯片也会获得进一步的提升，因为智能穿戴设备的芯片需要更小的体积和更好的散热能力，毕竟它不能像电脑中的CPU那样依托大功率的风扇去散热，这样会破坏用户的沉浸感，同时导致智能穿戴设备臃肿沉重。当然此类芯片还要足够省电，毕竟用户不能在接通电源的限制条件下去使用VR和AR设备。

如果说上游供应链是否成熟决定了VR和AR的使用体验，那么下游的落地应用场景就决定了VR和AR的实用价值，毕竟如果只是作为娱乐就太限制发展空间了。5G时代，各行各业都在高度的万物互联中发展，物与物之间的数据传输是非常普遍的现象，那么用户和信息之间的关系就会变得更加多元化和个性化，这就意味着在很多线下场景中，用户需要AR技术去增强与物体的互动性，方便自己选购产品，也方便厂商去介绍产品，在这一类领域的广泛应用才能产生更多的商业价值。

VIVO看中了AR眼镜在信息交互上的优势，所以制定了"智能手机+AR眼镜、智能手表、智能耳机"的产品发展思路，为用户消除数据和交互之间的信息壁垒。那么按照这个发展思路，未来社会智能手机的地位很可能会被弱化，转而由其他可穿戴的智能设备接过重任，人类将要学习和适应一个新的端口。

作为新生技术，VR和AR在未来的发展前景是光明的，前提是5G技术的进化程度，以此为推动力才能决定VR和AR的产品升级高度。只要大数据和物联网等技术爆发得越密集、使用得越频繁，那么VR和AR的产业链的延伸长度和作用深度也将大大影响人类社会的演化力度，让《头号玩家》构建的科幻场面成为现实。

3 **可穿戴的智能设备**

21世纪，人类社会已经出现了很多高度智能化的产品，其中智能可穿戴设备是最突出的，如智能手表、健身手环、智能眼镜等，虽然它们尚且不能和科幻电影中那些黑科技产品相比，但已经从概念和功能上跳脱了传统穿戴设备的定义，给用户耳目一新的使用感受。

不过，智能穿戴设备的发展是一波三折的。2012年谷歌喊出研发智能眼镜的口号，很多用户翘首以盼"智能眼镜改变世界"的美好未来，然而在2015年年初，谷歌就宣布第一代产品停售并将这个项目转移到子公司，"谷歌眼镜"也从一个市场化的产品变回了实验品。无独有偶，健身手环在和智能电子技术结合后成为新一代的健身辅助器材，却在经历了2013年到2014年的黄金发展期以后迅速减少了销量。

智能穿戴设备到底符合未来发展的趋势吗？答案是肯定的，这个转折点从2019年开始，经历漫长寒冬之后智能穿戴产业似乎嗅到了春天的气息，根据IDC发布的《中国可穿戴设备市场季度跟踪报告，2019年第三季度》显示，在第三季度中国可穿戴设备市场出货量高达2715万台，同比增长45.2%。预计在2023年国内可穿戴设备市场的出货量会增加到2亿台。

到底是什么让智能穿戴设备重新回到大众的视野呢？答案就在2019年，这是人们熟知的5G元年。伴随着5G时代的到来，智能穿戴设备将成为移动互联网和物联网的关键入口，而它的产品定义也不再局限在智能手表、智能眼镜这些品类上，而是可以覆盖社会各行各业的可穿戴设备，有专家预言，在医疗智能可穿戴设备的带动下，市场会爆发一波新的消费浪潮。

根据IDC的报告，从2016年开始国内的智能可穿戴设备出货量逐年增加，而在5G元年则迎来了一个高速增长期，这意味着智能可穿戴设备其实一直深受市场的关注，只是它需要一个庞大的产品生态，只有构建丰富的应用场景，它的优势才能进一步展现出来。5G技术带来的传输速度上的提升，将让智能穿戴设备的应用领域更加广泛，很多消费者和厂商也意识到它在未来时代的发展潜力，而目前最有发展空间的是农业领域和医疗领域。

第一，农业领域。

传统田间地头的劳作方式显然不符合现代化的需求，而农业智能穿戴设备的出现，将把劳动者从田间作业中真正解放出来，可以为农作物播种、施肥、防治虫害等发挥重要作用。而且智能设备配合传感器会实时采样耕作环境和种植状况，进行有针对性的策略制定和跟踪分析。无论是农企还是农户，都可以通过穿戴设备实时远程操控，比如制定喷洒的农药剂量、确定灌溉水量的大小等。同样，在畜牧业领域，智能设备可以在猪流感、畜流感频发的阶段，清晰地监控牲畜生长和健康情况，在疫情暴发前就能做好充分的准备，从而将损失减少到最低。

第二，医疗领域。

在5G时代，远程诊疗不再是空想，而实现这个目标的关键就是智能穿戴设备。通过它将病患和医生在数据分享上实现了连接，让医生可以真实地了解病患的身体健康程度，了解各种参数，如血小板数、血压、血糖含量等。因此不少人都认为智能穿戴将是消费物联网中最大品类的智能硬件，可以轻松地渗透到健康医疗场景。

当然，除了上述两大领域之外，智能穿戴设备在工业、安防、娱乐等方面也有很大的发展潜力，而推动它的核心力量不是单纯的娱乐，而是真正改变人类的生活品质、提高生产效率这两大方面。毕竟现在的一些智能穿戴设备对用户来说并非刚需，人们购买它的初衷只是为了追赶潮流，厂商也过于强调"智能化"这个标签，而忽视了它是如何深度作用在人们的生产和生活上的。

从厂商的角度看，过去流行市场的智能手表、智能手环等产品，同质化问题十分严重、甚至走向了价格战的恶性竞争，而低价并非是用户购买智能穿戴设备的原动力，这会导致用户变得谨慎和理性，减弱消费热情。那么，随着网络的迭代升级，消费者对智能穿戴设备的需求理念正在转向以个性化和优质化的体验为主，特别是在5G网络逐渐普及之后，能否通过智能穿戴设备实现流畅的网络体验就显得尤为重要，这决定了智能穿戴设备拓展的应用场景。因此，与产业链合作，与5G技术相互融合，这些才是智能穿戴设备在未来发展的关键点。

在5G技术的加持下，科技的进步会推动智能穿戴设备在硬件迭代方面的进步，突破面前功能少、体验差的瓶颈，成为一种具有高云算力、高续航高度集成化的产品，这个过程或许漫长，而一旦形成就会产生质的飞跃。

可穿戴智能设备是人类美好向往的结果，不过人们应该理性地去给它定位，不能片面追求新潮化和娱乐化，而是为其构建出一个适合用户和市场的商业生态系统，这样才能将智能穿戴设备演变为理想的最终形态，为用户提供具有现实意义的功能和堪称一流的使用体验。

④ 智能城市，便捷的信息化社会

5G无线网络的诞生和推广，弥补了传统城市建设中的缺陷，也就是有线网络数量过多、排列混乱等现状。那么在这种背景下，加强5G网络建设就可以和城市规划结合在一起。在这种情况下，积极加强5G无线网络规划对发展城市具有重要的战略价值，其中最重要的一个组成部分就是"智慧城市"的发展。

早在4G时代，"智慧城市"这一概念就已经被提出，关于智慧城市的建设也被很多国家提上日程。从定义上看，智慧城市指的是利用物联网以及云计算等先进的信息化技术智能管理城市的一种新模式，可以为人们提供一个智能化的生活方式。不过，受制于4G技术的短板，智慧城市在进入5G时代以后才可能真正实现。

智慧城市不仅在行政管理方面有重要意义，对广大市民来说，智慧城市能够让生活获得更多的便利，让人们的生活品质得到显著提高。智慧城市的核心是"城市大脑"，它储存着丰富的数据信息，包括政务、交通、医疗、卫生、教育、旅游等多方面内容。以这个"大脑"为基础，整个城市可以在高度连同的前提下飞速运转，主要体现在以下六个方面。

第一，智慧安防。

安全管控是城市管理的重要内容，在5G网络的支持下，智慧城市在视频监控领域将有翻天覆地的变化，通过人像识别和其他监控设备，对整个城市进行实时监控，甚至可以不留死角。而5G网络则为监控人员提供高清的视频信息，清晰度远超现在的最高水平，这意味着凡是被拍摄进来的人像和物体都能进行精准识别，这些信息将迅速传递给相关部门，大大提高了响应速度。

第二，危险预警。

由于有了5G网络的支持，系统关联的危险感知设备将发挥重要作用，一旦预测到危险状况就能在第一时间通知各部门，然后通过云计算立即制定出应急对策，减少甚至避免人员财产损失，为广大市民提供一个安全的生活环境。

第三，政务管理。

智慧城市建设的重要目标之一就是加快推进城市的综合治理能力，而在人工智能，视频联网以及云计算等技术的支撑下，城市内构建一体化政务服务将十分容易，城市的"大脑"也可以围绕公安机关、环保部门等政府机构的需求制定出有针对性的城市发展、规

划和建设战略，在运营和服务方面登上新的台阶，实现精细化管理，满足广大市民在政务方面的实际需求

第四，环境保护。

5G技术在开启智慧型政府新时代的同时，在环境保护方面也会有新的建树。通过安装在城区和郊区的各类传感器和空气检测微型站，借助大数据分析和对相关数值的同级分析，可以实现居民生活区污染普查及治理。同样，一旦发现工厂排污或者生活垃圾超标等危害环境的情况，也能第一时间发现并对污染源、污染轨迹等进行定位和溯源分析，制定出补救措施，提升城市综合治理信息化水平。

第五，交通管理。

以5G网络和各类移动终端为依托，智慧城市将实现无人机、日常巡逻，通过视频的同步传输和实时调度，凭借人工智能的人脸识别、车辆识别等手段并经过后台大数据库中对黑白名单的比对，就能实现人员和车辆的高度可管可控，确保道路通畅，对肇事车辆及人员进行及时的跟踪和定位，规范行车安全，减少交通事故。

第六，服务民生。

在智慧城市的建设进程中，聚焦社会治理和民生服务是未来的主要发展方向，除了提高政务服务水平之外，城区内外的日常巡逻管控可以及时发现各种意外事故，如交通事故、爆炸事故、刑事案件以及各类民事纠纷。在5G网络的视频监控系统和5G巡逻车的辅助下，可以随时解决部分问题。而需要专业救援团队的则能通过高清视频传输发给后台，从而强化反馈效能，将损失降到最低，提升

民众的安全感和幸福感，让生活更加便利。

　　目前，中国的兰州新区在智慧城市建设方面有了长足的进步，在基于城市大数据交换的共享平台之上，新区通过构建数据融合、业务协同的一号、一窗、一网的政务服务平台，实现了行政审批服务事项的网上办理，整体服务效率提升达60%，在建立新区电子证照库方面，做到了将工商执照、机构代码、税务登记、社会保险、统计登记五证合一的高度整合，直接提升企业的办事效率达100%；节省了企业经营者的时间，打造了具有标杆性质的"安静工程"。在5G技术的发展浪潮下，兰州将逐步全面提升信息通信基础设施建设水平，推动城市数字化进程，充分结合新技术，而以兰州为范本，中国各地必将涌现出更多的智慧城市样本，为国家的经济发展和社会治理作出重要贡献。

　　智慧城市是运用信息和通信技术手段，包含了感测、分析以及整合城市运行核心系统等关键内容，未来，它将对包括民生、环保、治安、公共服务以及企业活动等多个方面产生积极的影响，以智能化的响应提高运营效率。在5G网络广连接、大带宽、低时延等特性之下，发挥巨大的智慧治理功能。从城市发展建设的角度看，智慧城市将引领人们走向现代化，它所呈现的也是一个复杂动态的过程，注入了丰富的人文因素，还将对城市具体规划的制定和演变产生推动作用。作为智慧城市的直接推动者和护航者，5G技术将成为重要风口，带领人们进入一个崭新的时代。

5 5G打造未来生活图景

当5g时代即将来临时，人们必然会幻想它能够给我们带来什么，毕竟人们喜欢预测未知的存在，而5G时代能够为我们提供的想象空间是空前巨大的。

人们常说，3G时代带来的是图片，4G时代带来的视频，而5G时代来的是什么呢？可以说很难用一句话概括。大家都知道，5G网络能够让用户随时随地地欣赏4K高清视频，如果仅仅这样就满足的话未免太小看5G的能量了，因为视频终究是建立在2D场景中的，而5G技术给人们提供的不仅仅是2D场景，而是一个更真实也更广阔的3D场景。

3D场景能够开阔人们的视野，但我们需要体验一个没有去过的地方时，就可以戴上VR眼镜，通过高清智能设备进入到一个3D世界里。当然有人会说，这个似乎在4G时代也能实现，的确如此，但5G时代的虚拟现实技术会更加成熟，我们不需要从网络上下载VR视频的资源，而是直接可以通过云端获取到信息，这就是未来必将会流行的云端VR，在它的技术加持下，我们可以享受到更加直观、更加完美的体验。

当你通过VR设备饱览了异地的风景之后，你可能想要真的去看一眼，但受制于时间限制无法来回往返，这时候你该怎么办呢？你完全可以通过遥控无人机飞抵那个地方，不用担心信号会丢失，因为5G网络的覆盖范围很大，信号传输速度足够你实时了解无人机的飞行情况，然后通过无人机现场拍摄你中意的照片。当然，有人还不会满足，毕竟只是2D的图案罢了，别急，无人机还可以通过高清的传感器为你进行全息投影，让你以自己喜欢的视角去看异地的风景，而不用受制于录制好的VR视频资源，这种自由度和掌控感带给人的体验是完全不同的。

在欣赏了异地的美景之后，你不用急着摘下智能穿戴设备，而是可以和远在国外的朋友"面对面"地沟通，当你们聊到你新买的房子时，朋友向你推荐了一个一流的装修网站，你通过链接直接切入进去，可以通过商家的云端将所有的装修方案浏览一遍，然后将你喜欢的方案套用在你的新房上，云计算系统就会帮你生成一个虚拟的装修效果，你可以在"装修"好的新家中自由地走动，以真正3D的视角去欣赏和评判，发现哪里不满意了就可以直接和商家沟通，商家就会现场对其进行修改，而你只需要停留在这个虚拟的新家中默默当裁判就好。

和朋友聊完天以后，你惬意地躺在床上，用戴在腕上的智能手表查看一下今天的心跳和血压等身体参数，如果发现哪里出现异常，就立即和你的私人医生进行视频沟通，医生可以共享你的身体数据，然后进行诊治。如果医生告知你不必担心，那你就可以放心地继续享受生活。这时，你忽然感觉到房间比刚才更闷热一点，就借助智能手表让空调吹得再冷一点。接下来，智能手表会为你推荐新上市的几种饮品，你下单以后，无人机就会按照精确导航将饮品送到你的家中，而更重的其他采购品则通过无人驾驶汽车在赶来的路上，你随时都可以观察货物离你有多远。

品尝完了可口的饮品之后，你去卫生间方便一下，智能马桶随即进行尿检，然后根据得出的数据制定你晚餐的食谱，这个食谱是最符合你当前健康情况的，因为马桶也和你的摄像头信息共享，所以汇总了医生刚才提的意见。接下来，你的烤箱、电饭煲等厨房用具就开始忙碌起来，你可以放任它们进行简单的食品烹制，也可以自己动手，不过这些厨具都集成了智能传感器，可以随时提醒你做饭做菜时应该使用何种食材、加入多少调料等，确保你的饮食健康。

不巧的是，你在做饭时因为使用电磁炉具突然断电，但不必担心，物联网可以直接显示出线路哪里出了问题，而不用进行人工排查，你可以自己动手，也可以呼叫维修师傅，对方在赶来的路上就会收到你发过去的线路信息，到达以后只需几分钟就可以修好。在电力正常运转之后，你顺利地做完了晚餐，期间可以和朋友继续视频，也可以观看4K高清节目。此时节目中正在播报有关万物互联的信息，你已经深刻地认识到这是一个设备去影响另一个设备的时代，所谓的智能家居系统其实就是一堆智能设备组成了"集团军"，它们以你为大脑接受你的各种指令安排，而人工智能则是"副脑"，在不需要你作出关键决策的时候帮你做出选择。

看完节目之后，你感到了疲倦，然后通过语言指令让家中的门窗都自检是否锁好，同时开启夜视摄像头，确保家中的安防系统正常运行，家中的灯具也在你的命令下关闭或者调成睡眠模式，而你则在睡前音乐的助眠下渐渐进入梦乡。

这是一个普通人在5G时代的生活片段，至于整个社会的全貌，我们无法用一小节甚至一本书去描绘出来，因为5G时代给我们的改变实在是惊人，如果没有足够的想象力，我们只能想当然地把它理解为"后4G时代"，然而实际上5G所爆发的创新性和颠覆性将超出我们的想象。我们有理由相信，科技的进步必然会让一部分产品或者一部分生活习惯成为历史，只有以发展的眼光去看世界，世界才会变得更加美妙多姿。

第七章

CHAPTER 07

5G 与车联网

① "互联汽车"为何物？

目前的汽车市场面临着销量放缓的不利形势，盈利的重点落在了如何深度开发和挖掘后市场产业价值方面，而后市场中最受到业界关注的就是"互联汽车"模式。

互联汽车，指的是除了要具备车载电脑和其他带给用户更好的用车体验的设备之外，还应该按照互联网思维推出车型。此车型和传统汽车存在着较大的区别，出发点不再是"代步工具"这个初始目标，而是能够从智能化和科技化的角度升级用户的使用体验。简单说，就是让汽车成为一个新的应用场景甚至是应用入口，人们在汽车里就能进行轻办公或者轻娱乐，而不必将全部注意力都放在方向盘上。

上述想法虽然听起来十分美好，但真正转为现实却要经历一个漫长的过程，更需要技术迭代的加持，否则就会埋下不安全驾驶的隐患，毕竟汽车是一个有着完整工业体系的产品，但是这些困难似乎并不会阻断人们探索的脚步。那么，在5G时代来临以后，互联汽车会不会也迎来新的发展机遇呢？答案当然是肯定的。

从2015年开始，一些互联网创业者就在不断尝试用互联网思维和模式改变汽车这个传统行业，到了2017年时创投的热潮进一步高涨，在10个月的时间里有34起融资事件，总额打破了50亿人民币，展现出一种"百花齐放"的感觉，一时间诞生了不少新鲜事物，如"互联网+养车""互联网+汽车美容""互联网+二手车"等。汽车一站式服务云平台就是在这样的背景下诞生的，而它所依赖的正是依托云计算、大数据以及物联网等技术所打造的全新行业平台。有人预言，这一类平台将成为未来汽车服务行业拓展市场的新渠道。

互联汽车，必然要依托于一个庞大的网络，这个网络要具备覆盖性和传播性，更要有整合性和操控性，这样所有汽车才能在这个网络中自由地奔跑，5G技术自然就是背后的重要推动力之一。

在互联汽车这种全新的形态中，汽车一站式服务云平台将凭借新一代信息技术对行业资源进行有效整合，从而涵盖从汽车销售到汽车配件再到货物运输等多方面的服务内容，而这也是目前中国对互联汽车最具现实意义的解读和架构。只有充分开启了"互联网+汽车服务"模式，才能真正缩短产业链，提高行业的整体服务效率，这样既降低了营销成本，又合理配置了资源。

综上所述，互联汽车在5G时代的背景下，拥有四个显著特征：电动化、智能化、网联化、共享化，而背后支撑它们的就是互联网、大数据以及人工智能等贴合5G时代标签的新技术。在5G网络的积极干预下，互联网成为连接万物的基础，而汽车这个看似和互联网关系并不密切的事物，则会因为万物互联的基本形态而被纳入到这张庞大的网络中。因此圈内人预测，未来的汽车市场上不会存在"非互联网汽车"，意思就是只要你想在路上奔跑，就一定要先介入到网络中，这个网络不是指今天的互联网，而是包含了"元宇宙"概念的更庞大的智能网络。

在这种新技术、新概念的冲击之下，目前汽车行业正在进行颠覆性的改变和颠覆性的重构，越来越多的"造车新势力"都在谋求入场并达成基本共识：未来的汽车应该像手机一样构建属于自己的生态系统。当然，从汽车厂商的角度看，这种变革可能会交学费，可能会伤筋动骨，但是对用户来说，一旦自己驾驶了互联汽车以后，就会享受到贯穿产品生命周期的汽车服务，因为有关汽车的信息随时都会通过网络反馈给汽车制造商。

当然，一些车企的管理者对这个变革持保留意见，但大家也都承认，汽车的本质不是由汽车的产品形态和产品功能决定的，而是受到用户的需求驱动的：当用户想要在汽车中简单处理一下一会儿要上交的稿件时，汽车就应当暂时解放用户的双手，让用户把注意力集中在文件处理上；当用户想要通过汽车去连接一个购物网站时，汽车的音响就应该具备智能音响的功能，满足用户临时购物的需求。因此，汽车形态和功能上的改变，对于车企来说几乎是一道必须闯过去的难关，谁都不能回避这个问题，因为在汽车之外的世界里正在被这个庞大的网络慢慢覆盖，如果汽车拒绝"互联"的标签，等于把用户困在一座信息孤岛上，一旦他们进入驾驶室就意味着与外界隔绝，至少在体验上会下降一大截，这是违背时代发展方向的。

现在流行的所谓新能源汽车，已经从产品定义上迈向了互联汽车的形态，因为它的存在不仅是为了环保，也加入了智能网联的概念，所以在这一类的新型汽车上安装了很多普及适配的软件应用，这在传统汽车上几乎看不到。虽然新能源汽车的发展也并非一帆风顺，但这个大趋势总体是不变的。而且用户也十分在意汽车的智能化和网络化，这意味着传统车企在迎接挑战和机遇的时候必须做出正确的选择。

当数字生活成为人们对未来的幻想图景时，数字汽车或许也理所当然地成为一种演化存在，汽车注定将在5G引领的时代变革中，从一个传统的工业品变身为一个智能化的电子产品，其属性和功能都会有质的改变，而这个开端就是以"互联汽车"为起点的，终点可能是一个我们不敢轻易去想象的世界。

2　重新定义驾驶

技术对人类社会最大的意义是什么？那就是和人类的命运产生密切的关联，由此爆发出具有革命性的成果。

自从人类诞生以来，交通工具一直在经历技术迭代。从最早的依靠双脚到策马奔腾再到蒸汽机的发明，人类的出行能力变得越来越强。随着5G技术的推广，交通领域的变革也在同步进行，其中最显著的变化就是无人驾驶技术的出现。

关于无人驾驶，人们最早的认知基本上都是在科幻小说和电影中。其实人们一直渴望在驾驶时被解放出双手，毕竟不是人人都喜欢驾驶，只是出于操纵代步工具的客观需要而已。但是5G技术却把这种幻想拉到现实之中，重新定义驾驶。

实际上，人类对无人驾驶技术的探索从20世纪就开始了。1925年诞生了人类历史上第一辆无人驾驶汽车，从方向盘到离合器再到制动器等部件都是由坐在另一辆车上的无线电波操控的，准确地讲是一辆遥控汽车，并不算是真正的无人驾驶。1966年，智能导航首次出现在美国斯坦福大学研究所里，开创了自动导航功能的先河。到了1977年，日本开发出了第一个基于摄像头来检测前方标记以及导航信息的自动驾驶汽车。1989年，美国第一次使用神经网络来引导自动驾驶汽车，和今天的无人驾驶技术最为接近。在90年代初，中国也研制出了第一辆真正意义上的无人驾驶汽车。不过，上述的无人驾驶技术基本上停留在实验层面，受制于很多客观因素难以进行量产和普及，毕竟要配合高智能的识别功能和庞大的运算系统才能确保无人驾驶汽车在安全中运行。

进入21世纪，谷歌在2009年开始了自研无人驾驶汽车的项目。2014年12月，谷歌宣称已经设计出了无人驾驶汽车，在汽车构造上取消了方向盘和刹车，而在2015年的时候这辆原型车就正式上路测试，乘客只要坐在车中就可以让车辆自行开动。不过，受制于4G移动网络的传输速度，此时的无人驾驶汽车很难在高速行驶的情况下及时地通过传感器捕捉到路况信息，很容易发生交通事故，因此还无法实现商用。

随着5G技术的发展，无人驾驶的技术问题逐渐得到了解决，因为5G可以通过引入网络切片、移动边缘计算两大新技术，为汽车提供更高的传输速率、更精准的低时延控制以及精确的定位，极大地提高无人驾驶技术的信息收集回传效率，让车载和路侧感知的信息深度融合，直接减少了车载系统的计算量，真正实现车车协同和车路协同的问题。

简单来说，无人驾驶技术的原理就是在汽车的外壳上安装大量的传感器，如短距离雷达、红外探测以及摄像头等部件。当传感器探测到信息以后，就会传送到无人驾驶的中央系统中，经过系统的分析，再结合GPS高精地图，从而对汽车进行精准操控。

随着无人驾驶汽车的出现，我们在传统意义上对道路的认知也将被重新定义，可以预见未来的道路是智能化的"电子道路"，毫不夸张地讲，每一平方米都可能会被编码，通过有源射频识别技术和无源射频识别技术发射信号，而智能交通控制中心和无人驾驶汽车就能读取这些信号传递的信息，从而进行精确的定位和正确的操作选择。显然，未来的道路交通系统注定要打破传统思维，将技术发力的重点放在感应能力上，而汽车的智能化和自动化反而是最基本的要求，因为届时无人驾驶技术会更加成熟，交通事故也会大幅度下降，人们更应该关注的是交通出行的效率性。

2018年，中国颁布了国家级的无人驾驶路测管理规定，旨在加快无人驾驶的研发与商业化落地进程。而在此之前，美国、欧洲以及日本也相继出台了无人驾驶道路测试的政府标准文件，这些都体现出各个国家从政府管理层面开始对无人驾驶技术进行积极的探索。毕竟，交通是经济社会发展的命脉，也是中国推进城市化进程的必经之路，发展好无人驾驶技术和智能道路，都有助于提高人们出行时的便捷度、舒适度和安全度，同时解决道路拥堵、停车困难、交通事故频发等问题。

在5G技术的加持下，智能交通协同发展将成为未来的发展趋势，我们完全有理由相信，以后诞生的汽车在自主控制能力上会不断提高，最终实现完全的自动驾驶。这个巨大的改变将重新定位人与汽车的关系，把驾驶员从驾驶行为中分离出来，为人在车内进行信息消费创造基本条件。

在5G网络中，汽车将变成一个个信息节点，在行驶的过程中和外界进行大量的数据交换，从而改变人与汽车、汽车与环境乃至三者之间的交互模式。这样一来，未来社会里，人们可能不需要自己购买一辆汽车，而是随时随地地呼叫无人驾驶汽车，将道路、汽车等资源充分进行共享，提高社会的整体运行效率。这种基于5G的智能网联汽车的出现和发展，会让其他产业也分享到红利，因为人不需要驾驶以后，就能将解放出来的时间用于娱乐、信息、办公等，这无疑将开辟一个全新的、巨大的服务内容市场，最终重塑整个汽车行业。

虽然目前无人驾驶汽车还没有进入到可以大规模商用的阶段，作为一种新生事物，无人驾驶技术势必要解决很多难题，比如有关无人车的法律法规问题、自动驾驶汽车如何进行监管的问题、事故发生后的责任界定问题等。尽管前路困难重重，但汽车文明终归是人类现代文明的产物，是服务于人的，所以上述难题是我们终究要面对并拿出解决方案的，而等到这些问题迎刃而解之时，就是人类见证无人驾驶被重新定义的那一天。

3　5G在公共交通领域的应用

当无人驾驶技术被广泛应用于私家车领域时，公共交通领域也将迎来巨变，从传统的交通模式升级为智慧交通。未来，智慧城市是必然的发展趋势，而智慧交通则是不可缺少的一部分，在这个体系中，5G和云计算技术相互融合，确保车辆之间、车与道路之间能够进行实时的信息交互，让人们提前了解道路交通情况，从而制定最合理的行车路线、行驶速度等。在5G技术的支持下，乘客将体验到焕然一新的公共交通服务：当你出行之前，可以通过手机或电脑等终端查询城市的公交实时情况，在相应的APP中可以及时反馈给你乘客情况、车辆信息以及行车线路等，确保你在预期的时间内登上公交交通载具。

现在达成的共识是，车联网未来将是5G最大的应用市场，尤其是在公共交通领域。如今山东滨莱高速公路的5G智能网联高速公路封闭测试场已经成功进行了车路协同路演测试，这意味着无论私家车、货运车还是客运车，都可以在一条被5G信号全覆盖的路段上进行智能化的行驶，因为该段高速公路环境已经实现了360度的感知和车路信息交互协同，可以帮助道路和车辆达到控制设备互联的目的。

中国是一个人口大国，公共交通是负担着人们出行的主要运力。能否将5G技术注入到这一领域中，使其发挥最大作用，关系到十几亿人的工作效率和生活体验感。

2019年，交通运输部印发了名为《推进综合交通运输大数据发展行动纲要（2020—2025年）》的通知，提出要在2025年实现综合交通运输大数据标准体系进一步完善的目标，届时中国将大规模搞好基础设施和运载工具等大数据建设工作，进一步提升交通运输行业的数字化水平。可以预见的是，未来国内的综合交通运输信息资源将进行深入共享，尤其是在综合交通运输等众多业务领域更加广泛地应用，让大数据的安全性得到充分的保障。

目前，在公共交通领域，5G网络的普及应用也在推动智慧公交拥有更多实用性的解决方案，从而实现对公交车、出租车以及城轨列车等公共交通工具的调度和管理，在这方面部分地区和城市已经先行一步。

在郑州郑东新区智慧岛的开放道路上，如今已经试运行了5G无人驾驶公交线路。为了确保行驶路线的精确性，该条路线中自动驾驶车辆的车载系统和自动驾驶平台的数据进行了完美的信息交互，将响应时间从4G的平均50毫秒减少到10毫秒左右。随着5G网络的全面铺开，这个时延可能会得到进一步的降低，带给驾驶员和乘客更优质的体验。同时，该路线也充分考虑到不同行驶场景所需要解决的问题，如巡线行驶、自主避障、车路协同、自主换道以及精准进站等。

除了打造智慧公交之外，如今5G已经在车联网、地铁、机场、火车站等多个场景被广泛投入应用，极大地方便了人们的出行。

目前，中国的智慧铁路建设在快速推进之中，通过5G网络和视频监控、AR智能眼镜以及铁路传感器等监测设备，达到对列车及集装箱货物的监控、调度和管理的目的，从而轻松实现对铁路线路、列车车站以及客流的监控与管理。现阶段比较典型的应用案例是广深港高铁，通过5G网络打造的"智慧车站"平台，实现了智能引导、智能安检以及智慧旅途等多项服务，同时在调度管理上实现了铁路生产安全作业管控、铁路集装箱货物管理等目标，在综合安防监控方面也发挥了显著的作用。

和智慧铁路齐头并进的是智慧机场，通过借助5G网络和视频监控、无人机等监测设备，实现地面摆渡车和运输货物的监控、调度与管理，同时在空中交通管制上也达到了有效监控、调度和管理的目的。在旅客服务方面，候机大厅、客流和行李的监控与管理也在5G技术的加持下有了质的飞跃。目前，北京大兴已经建成了5G智慧机场，东方航空以"5G+人脸识别"为基础，融入AR、AI等技术，为旅客提供了"通行""行李追踪""AR眼镜识别"等智慧出行服务。其中值得一提的是"一脸通行"服务，可以为旅客提供从值机到登机全过程的流畅服务，旅客只要刷脸就能自由通行，不必出示身份证或者登机牌等证件，这将帮助旅客节省很多时间，同时提高候机大厅的工作效率。

　　海上公共交通领域也在5G网络铺开的同时加快了更新变革的速度，以"智慧港口"为核心的建设方案，在借助5G网络、智能巡检机器人以及高清监控等设备的前提下，实现了对高效率的安全监控和远程操控，无论船舶行驶到哪里都能实时捕捉到联网数据并将其传回港口管理平台，从而实现港口交通管理和安全监控的快捷化信息处理。目前，宁波的舟山港已经通过5G网络实现对龙门吊的安全监控和远程处置调度，能够准确感知港口运输的任意一个环节，从而推动无人化智能化港口的建设速度。

　　5G技术与公共交通领域的融合，将会进一步推动无人驾驶技术和智能道路的建设步伐，届时人们将在各个领域感受到出行的便利性、科技性和高效性，这是符合新时代信息化发展规律的必然趋势，中国在智慧交通领域的投入也将完成交通强国的宏伟目标，助力数字经济的全面发展。

⚙ 4　海陆空开启"移动服务"

　　在5G技术的推动下，如今人与道路、环境以及各类交通工具的关系发生了翻天覆地的变化，不仅在无人驾驶汽车领域有了突破性的进展，在空路和海路方面也产生了新的技术融合，即将颠覆人们对传统的海陆空出行的认知。简单说，就是越来越多的5G基站形成全面覆盖以后，无论我们乘坐何种交通工具去哪里，都可以持续地享受5G技术带给我们的高效与便捷。

2019年，江苏省的东阳光岛就开通了黄海海域中首个5G基站，5G信号第一次覆盖黄海近海海域范围，从而实现阳光岛全境以及洋口港海域内的5G网络全覆盖，这意味着有船只航行在附近海域时，不会因为远离陆地而失去5G信号。

实际上，中国在布局海陆空5G信号网络的战略上起步很早，自从2019年开始就不断投入5G网络在海陆空全范围内的建设和优化，比如在洋口港一带，增设了覆盖港区公路、港口铁路沿线的5G基站，依靠大数据、云计算和物联网等先进技术，为港口地区提供了穿港区物流、卡口自动化控制等多领域的信息管理方案，从而提高港口地区在运营、物流以及监管的5G信息化水平，增强驻港各企事业单位的运营能力。在这种宏观布局、微观夯实的策略下，未来中国的大部分岛屿、港口地带都能实现5G网络的无缝连接，不必担心信号减弱甚至信号中断的问题。

以洋口港的阳光岛为例，由于使用了5G视频监控服务，可以方便管理者随时远程监管各个关键场景的安全管理，从而确定操作是否符合规范。在5G技术的加持下，很多企业可以在5G无线监控设备的帮助下实现高效的信息管理，而不需要布放光缆、网线等线路设施，还能根据不同的需求随时增加或减少点位，这意味着商用船舶和旅游船舶未来都可以自由地航行在中国的领海之内，享受与陆地无差别的5G技术服务。

在布局港口、海岛的同时，中国也加紧了对空路5G信号的网络铺设。比如在江苏南通打造了全覆盖的兴东国际机场，不仅让航站楼内安检厅、候机厅、办公区等区域被5G全覆盖，就连室外的停机坪也能轻松接入5G网络，这样一来，旅客和工作人员都可以自由地享受5G网络的便捷，使用体验将更上一个台阶。经过测试，旅客在机场航站楼里下载一部2G的电影，仅用二十几秒的时间就完成了，方便在登记断网以后消磨旅途的寂寞时光。

在陆运生态体系中，南通火车站和如皋火车站实现了5G网络全面覆盖，这不仅是江苏省5G网络建设的成就，也标志着移动5G信号第一次从市区向城镇交通枢纽覆盖延伸，极大地方便了旅客出行在外时对5G网络的体验和感知。根据旅客的描述，火车站的5G网速的确超出4G网络，移动5G峰值的下载速率接近1Gbps。和空运相比，陆运中由于不需要切断手机信号，5G网络的持续接入对旅客的体验尤为重要，随着5G基站的不断扩建，在不远的将来，旅客在乘坐高速列车时也能持续不断地感受5G网络的高效和便捷，如同在家中一样。

除了在民用领域增强海陆空的立体覆盖之外，在行政治安领域也同样加强了5G移动服务的范围。比如，浙江移动联合浙江警察学院、华为技术、海康威视等5G产业联盟成员，合力打造了"三域一体立体化指挥防控平台"，该平台基于5G技术，构建了包括水域防控、陆域防控、空域防控在内的三域一体化数字安防体系，同时也具备了情报信息与指挥、勤务、行动一体化的三维地图指挥功能。该平台的建立，可以有效解决经济发达、人口密集地区需要水陆空立体化防控和指挥的现实需求，这也意味着人们无论走到哪里都可以享受公共安全服务的保障，增强出行的安全感。

在广东省汕头市，海陆空5G信号覆盖也被应用于街道管理方面，如汕头市的街道就明确提出了"海陆空"全面出击："海"代表着有水的地方都要清淤清漂到位，"陆"代表着滨海19.2平方公里内有人过往的地方要将保洁做到位；"空"代表着抬头看到的乱贴乱挂乱吊、违规广告牌等问题的治理情况。只有让这三大区域内的地面监控、海面监控和无人机监控全程覆盖在5G网络之下，才能产出让人满意的整治成果，提供给市民和游客良好的出行体验，发挥5G网络在移动服务领域的重要作用。

从目前中国各个省市地区的5G建设成果来看，我们正在走入一个5G网络全方位覆盖的新时代，无论是乘坐火车、船舶还是飞机，都能持续地接入5G网络，享受在移动应用情景下的5G服务，这和中国对搭建"海陆空"核心交通枢纽网的战略密不可分。

海陆空领域的5G全覆盖，从侧面展示出各行各业在与5G技术碰撞后产生的正向变化，而中国正在加速缩短这个目标与现实的距离。相信在未来的时代，我们的认识中将消除"偏僻地区""信号弱的地区"等概念，因为那时全国将实现最大范围的5G信号覆盖，让广大民众真切感受到5G全面领先的技术成果。

5 5G带来的能源变革

人类文明的发展离不开对能源的开发和利用，能源对社会文明的演进就像是推动器一样，它未必能决定文明的内容如何，但可以加快文明的发展速度，使之产生质的飞跃。自然，在人类社会朝着智能化发展的今天，能源的智能化也势必成为发展趋势，而5G技术就是为能源注入智能化基因的关键。

众所周知，5G具有高速率、低时延、大连接等特征，而这些特征如果和能源领域相结合，就能推动能源进行重大的转型，从而有效带动能源生产和消费模式的创新，在人类社会掀起新一轮的能源革命。

中国铁塔是目前世界最大的通信铁塔基础设施服务商，垄断了中国96.3%的通信铁塔基础设施，其中很多通讯铁塔建立在荒山野岭等偏僻地带，需要风能、光能和其他储备能源相结合的电力供应，才能维系其常年不断地运转。因此，这种分布式的能源项目在建设中会遇到多重阻碍，因为无论是运输安装费用还是材料费用都开支浩大，更不要说后期需要巨额投入的运维成本。

基于上述问题，目前最优的解决方案就是利用5G网络的天然优势，打造出一个监控运维一体化的智慧能源综合服务平台。

一方面可以通过建立智慧电网降低成本、增强稳定性。

传统的电网技术存在着电能质量不稳定、输电网络能量波动较大等问题，造成这一现象的主要原因是目前电网的集中供电系统难以满足对大量分布式电源接入点监控的需求，会出现故障定位、信息中断等情况。而在5G超低时延的通信网络中，系统可以通过运行拓扑计算，快速实现远程故障定位和隔离，对中断现象也能快速解决，既能增强电网的可靠性，又能降低运维成本。

另一方面可以通过打造智慧运维提高效率、减少资源投入。

5G网络可以实现无人机巡检、机器人巡检、智能安防和单兵作业等四种应用场景，从而让监控人员随时可以接收到前方发来的全景高清录像，根据实际情况进行合理的管控，而通过智能穿戴设备还可以对运维人员进行定位，对现场维检人员展开远程作业指导。当该项技术逐渐成熟以后，还可以陆续推广到风电、水电、火电等所有电网运维领域，发展潜力巨大。

毫无疑问，5G网络通信技术会从根本上改变现有的电力设备制造、电厂运维等传统观念和运行体系。比如光伏产业领域一旦和5G技术深度融合，其制造成本会大幅降低，相应地，其运维管理成本也会减少，电网对光伏并网的接纳能力得到加强，从而提高光伏电力的市场竞争力，加快光伏电力对传统火电的取代速度，这对于人类社会的能源转型是有巨大意义的。届时，人们将见证一个"万物互联、人工智能"的新能源时代。

在能源转型的同时，5G技术的注入也会促进智慧电力的发展进程。我们可以充分利用5G网络低时延和高速率等特点，让自动控制技术、虚拟现实技术和大数据技术广泛应用于电力领域，从而打造新时代背景下的5G智能电网，实现电力行业的数字化战略，助推数字中国的总目标得以实现。同理，在安全方面，5G特有的网络切片技术（一种按需组网的方式）将提高发电、输电和用电的安全级别和隔离性，保障从生产者到管理者再到用户的人身安全，打造出绿色节能、安全高效的智能电网。

在煤炭能源领域，5G技术同样可以产生大量的无人智能设备，通过无人化采掘的方式降低意外事故造成的损失，无人矿卡作业和井下融合组网将成为产业发展的主流，让止步多年的远程操控技术再度迎来高速发展阶段，打造智慧煤矿新模式。

在燃气应用领域，5G网络可以满足燃气站在智能巡检方面的需求，也就是通过智能巡检机器人完成燃气站的日常巡检工作，管理者只需要通过5G网络在后方分析实时回传的现场数据即可，推动燃气站朝着数字化和智能化的方向发展。

在石油能源领域，5G技术将促使智慧油田走向成熟。比如在石油勘探、石油开采和油田维护等方面发挥巨大作用，通过无人车、智能机器人来取代传统的人力勘探，减少意外事故造成的损失，只需要传感器和高速网络就能将机器设备采集到的信息传递给后方的工作人员，发展空间巨大。

中国对5G在能源领域的应用也越来越重视，在发布的《能源领域5G应用实施方案》中就明确提出让5G技术在智能电厂、智能电网、智能煤炭、智能油气等方面获得落地，未来将围绕上述场景形成可复制且易于推广的商业模式。相应地，中国也会围绕能源领域

5G应用技术不断发力，致力于研究建设5G、大数据以及人工智能等先进信息技术和能源领域的融合程度，加快打造出一个成熟且完善的产业生态圈。

　　科技是推动智慧能源向前发展的核心动力，那么在5G时代来临以后，5G智慧能源的发展会集中作用于智慧能源技术的应用方面，这种融合会在推动能源产业引发变革的同时促进生态文明建设，让人类社会步入到一个更高效、更清洁的新时代。

第八章

CHAPTER 08

5G 与娱乐产业

① 娱乐产业新体验

当今世界正处于一个时时刻刻都在发生变化的时代，5G技术的诞生和推广带来的不仅是一场技术革命，还会创造一个估值至少在数百亿的市场，而和大众生活密切相关的传媒娱乐行业也会受到冲击，同时也会进行深度融合，引起产业结构的新变化。早在2018年，英特尔在《5G娱乐经济报告》中认为：未来10年，5G将给全球传媒和娱乐产业带来1.3万亿美元的新营收机会。报告特意强调，如果有哪家企业能够顺应5G潮流，那么该项技术就会成为日后市场竞争中的重要资本和手段。同样，在这种变化之下，消费者也将体验到前所未有的娱乐新模式，体现在五个方面。

第一，超高清图像代替蓝光技术。

虽然蓝光技术是目前视频格式中最清晰的一种，但在5G技术的作用下，视频格式会朝着更清晰的方向发展。具体在电影制作领域，中国最早使用的4K电影是2014年的《归来》，此后4K格式成为主流，让观众直观地感受到在画质清晰度、亮度和高速运动时的巨大优势，而在5G技术的影响下，8K视频将成为未来的主流，届时电影将正式步入超高清时代。那么在这种画质规格中，即便是全景的画面经过放大特写也能清晰地看到各种细节，突破之前人们对电影的认识。当然，随之而来的问题是视频格式越清晰，所需的存储空间越大，很可能一部20分钟的视频内容会占据4TB的存储空间，而5G技术推动的云存储服务可能会解决这个问题。同样在5G高速信息传递的背景下，会让人们在电影院之外的观影体验得到明显的提升，同时对于视频剪辑、视频制作等领域也有巨大的推动作用。

第二，影视产业真正进入沉浸式体验。

虽然在5G技术出现之前，虚拟现实技术已经有了发展，但是缺少高速网络的连接，虚拟现实技术的应用空间会十分狭小。而随着5G网络的全面铺开，则可以真正让消费者体验到更清晰的视频画面、更流畅的操作体验以及更精准的云计算辅助。在这种背景下，未来电影院很可能会打破2D大屏幕和3D大屏幕的主流格局，进而发展成为以虚拟现实为主的新观影体验，而且从规模上会一改一众人聚集在一起的观影模式，改为单对单的个性化体验，也比较符合目前社会发展的方向。除了对电影工业的积极影响之外，5G还会大幅度提升虚拟场景和增强现实在电视节目以及各种表演类节目，比如全息投影技术，不仅可以让逝去的人和活着的人同台演出，还可以创造出更加惊艳的视觉效果。

第三，社交媒介的主流变为视频。

5G技术的应用和普及也将推动短视频和直播视频成为社交媒体

的新主角。在目前的社交媒体中，图文依然是主流，虽然短视频也在深度地影响人们的娱乐生活，但还没有成为取代图文交流的主要媒介，毕竟受制于网络传输和加载等问题的限制，很难有突破性的发展，而在进入5G时代以后，5G网络低延迟的优势会推动短视频制作和编辑的技术迭代，加快视频的传播速度和覆盖人群，提高用户的创作积极性和工作效率。同样，直播领域也会因为画面清晰度的大幅度提升而让直播生态更加多元化，刺激参与者的想象力和创作欲，也会吸引更多的新用户进入。

第四，缩短和明星的距离。

有人大胆地预言，5G时代的追星将会变得更加"专注"，原因在于，虚拟现实技术的繁荣发展，会让粉丝和偶像之间以更加沉浸的方式进行互动，粉丝可以和偶像近距离接触，甚至还会和偶像在虚拟世界里互动，达成多年的心愿。除了这种拟真的视觉体验之外，回归现实世界的粉丝也可以通过虚拟现实亲临现场，了解偶像的一举一动，这种零距离的频繁接触会让粉丝从偶像身上获得更真实的友谊感。届时，各类文娱晚会、演唱会以及其他总结节目都可以通过"云"的方式放在线上让粉丝沉浸式的体验。对于自己喜欢的明星，通过虚拟现实技术来到演唱会现场，享受全景式的"在场感"则是莫大的幸福。

第五，虚拟偶像的诞生。

在粉丝和偶像的距离被缩短的同时，虚拟偶像也将成为5G时代的一个颠覆分支。在此之前，虚拟偶像就是一个深受社会欢迎和关注的领域，在5G技术和人工智能的推动下，会根据用户的需要塑造出一个完全符合自己需求的"人工偶像"，可以在外貌、性格以及人设方面按照用户的喜好制定，成为一个兼具理想化和人性化的偶像。

伴随着5G技术的不断迭代和升级，娱乐产业的变革已成定局，无论是在传媒载体上还是视觉表达上都会获得前所未有的突破，会进一步推动虚拟现实技术、云存储、传感器设备的生产和普及等一系列变化，相应地，娱乐产业将会在新一轮洗牌之后迎来勃勃商机，社会大众将不再是娱乐产业的消费者，还会成为娱乐产业的生产者和传播者，在5G技术的催化下让娱乐产业和广大国民进行深度绑定，从而成为拉动娱乐内需、推动娱乐全面升级的新引擎。未来，无论是在表现形式上还是创作内容上，都会有显著的进步，因为技术会激发人们的创造性，改写我们对传统世界的认知。

2　自如地分享生活

前些年，分享经济成为人们津津乐道的话题。如今5G时代向我们走来，在客观上推动"分享"概念产生新的变化，因为拥有了高速传递信息的网络，人们可以随时随地分享更为复杂和更为庞大的信息内容，由此将人与人的关系带入到一个新阶段。

图书是传统文化的重要载体，其中凝聚了前人的智慧和经验，

　　在互联网时代以前，亲朋好友、同窗同事之间分享自己喜欢的读书和读书心得，也是一种生活方式，那么在5G网络的作用下，书籍流通的渠道日益多元化，为社会大众提供免费阅读的场所也在不断增多，为人们获取知识和信息、增进彼此间的交流和情感起到了客观的助推作用。作为传统书籍分享的重要场所——图书馆，现在也开始朝着5G多元化应用的方向发展，丰富了分享文化的内容。

　　2019年8月17日，由中国移动宁波分公司和市图书馆联合打造的5G体验空间正式向民众开放，展示了5G技术应用下图书馆的新功能。读者可以享受到每秒1.2gps的下载速率，而非5G手机的用户也可以连接由5G信号转换成的WI-FI信号，体验5G速度。当然，真正和分享生活相关联的是"5G+VR科普百宝箱"，读者只需要通过打开像行李箱一样大小的设备，就能自由地点击查看包括地理、历史、天文等在内的多种课程，朋友之间也可以共同分享，一起学习知识，快读地掌握知识点，对那些一同备战各类考试的人群来说非常实用。

　　在纸质图书时代，两个人共同阅读一本书是不现实的，因为每个人的阅读速度不同，有人还习惯一边阅读一边轻声念诵出来，因此阅读很难成为分享生活的组成部分，但是有了5G技术的加持就不同了，朋友之间可以在佩戴VR设备以后，在一个虚拟空间共同学习，就像是进入了一个神奇的线上教室一样，既不会感到孤独寂寞，也不会影响彼此的学习效果。

　　知识是人类成长的营养剂，也是人类分享生活的重要内容，而5G的高速、高效相当于在人与人之间打通了一座桥梁，可以跨越空间距离，让有志于分享知识和经验的人快速聚集在一起，感受在虚拟世界成为"同窗学友"的奇妙体验。显而易见，5G网络的铺设为知识共享和传播创造了有利条件。

事实上，不仅是图书馆，一切和知识分享有关的阅读平台都可以深度和5G技术融合，比如一些云阅读和在线阅读平台，发展到今天已经积累了一定基础的受众人群，这些受众人群相当于"书友"的关系，他们可以在非学习考试的需求下，进入云阅读平台选择自己喜欢的文字图书或者有声图书，然后寻找一些志趣相投的书友，在线上开辟的虚拟空间中一起看书和听书，享受老北京天桥下听说书人讲故事的别样乐趣。

5G的探索应用，为人类的知识分享生活扫清了前进的障碍，它能够最大限度地集成一个高密度、大容量的信息平台，打破场景限制和空间限制，做到高质量、高速度的传播。这不仅对喜欢学习知识的人有帮助，也为那些文艺工作者提供了新的平台，大家可以聚集在虚拟空间中进行文艺作品的分享和赏析，帮助他们进行跨地域的团队合作，从而产出高质量的文艺作品。

除了分享知识以外，5G在公共文化事业领域的应用范围十分广泛。在泛娱乐化的当下，很多人沉迷于热门的影视剧和综艺节目，让彼此之间的联系变得十分松散，而VR和AR技术的迭代和普及，可以让用户像虚拟图书馆那样，进入一个虚拟的私家电影院或者私家小剧场，一起观看喜爱的节目，在观看的过程中还可以交流观剧心得，体验感不输线下聚会，既密切了人与人之间的联系，又可以带动分享文化的新一轮热潮：当你觉得某部影视剧非常优秀时，就可以邀请好友进入你的虚拟电影院中观看，同样你的朋友也把自己认为的高质量节目推荐给你，在分享中丰富生活，在交流中共同进步。

互联网的出现，让本该随时相聚的人们习惯了在网上交流，而移动互联网更是固化了人们的这种习惯，于是有不少人担忧：当人类习惯线上交流以后，是否会逐渐淡化了对线下社交的需求，是否会让人与人的关系变得更加"数字化"和冷漠化。或许5G技术的出现能够改写这种现象，让人们虽然继续沉迷于线上，却可以创造出近在咫尺的虚拟真实感，这种交互方式会随着相关智能设备的进步不断趋近于真实，反而会产生比单一的线下交流更多的优势。

在元宇宙的概念中，每个人既是独立的个体，也是彼此连接的个体，被共同接入在一张庞大的网络中，人作为组成部分可以在某种程度上被数字化，但这种数字化并不会小米人的个性，反而会增加人与人的交互方式。比如带有高响应速度的触觉装备，可以模拟人与人之间的触碰，让朋友在线上交流中依然会有肢体接触感，淡化对"虚拟世界"的虚无特征，此外还能通过数据筛选拓展陌生人社交的范围，丰富人们的社交生活并不失安全性。相信在未来的几年内，有关分享生活的5G技术应用会如雨后春笋地出现，毕竟人对社交的需求是刻在基因中的，只是受到环境的压抑需要一个释放的空间，而5G带来的技术变革恰好可以填补这个空白。

3　游戏，即开即玩

相信很多游戏玩家都有过类似的经历：一款画面精美的3A游戏上世，本来想买下来好好玩一把，却在看到配置单以后望而却步，再去看看昂贵的硬件装备价格，只能通过视频看别的玩家玩。这些烦恼在进入5G时代以后，会逐个被消除掉，让所有热爱游戏的人都能满足心愿，而这个终极的解决方案就是云游戏。

所谓云游戏，是以云计算为基础的一种新型游戏方式。和传统的游戏方式不同，它不需要玩家自己提供硬件设备，而是通过云端服务器来运行，玩家只需要一个终端设备作为入口即可，而整个游戏的运算过程只需要通过云端服务器，将渲染完毕的画面或者指令进行压缩之后再通过网络传给用户，这样就能让用户自由操作。可以说，云游戏的出现，打破了传统大型游戏和手机游戏在性能方面的瓶颈，让用户能够随时随地不受空间和设备的限制，通过各种移动端畅玩3A级别的游戏大作。另外从政策管控的角度看，云游戏会通过云端服务器进行统一的运营和管理，对于加大青少年防沉迷力度有着很大好处，还能够为游戏出品方提供数字版权保护。

事实上，云游戏并非是近几年才出现的概念，早在2010年，ONLive（全球最大云游戏公司）就推出了售价为99美元的云游戏主机，还有家名为Gaikai的公司也在同年5月演示了在iPad上运行的魔兽世界。如今过去10年的时间，云游戏却一直不愠不火，那么为何在最近几年又被人关注起来了呢？核心原因只有一个，那就是受到网络传输速度的影响。要知道在4G甚至3G时代，网络传输速度会产生较高的时延限制，如果是对时间要求不高的游戏，比如一边下一边思考还可以悔棋的棋类游戏，是可以不介意时延限制的，可如果是射击类游戏，转瞬间就可以被对手杀死，那么高时延是绝对无法容忍的。另外，移动终端也对云游戏造成了一定的限制，那就是高智能化的移动设备诞生之前，玩家还是要依靠PC端进行联网，依然受到空间的限制，所以4G以及4G之前的移动通信时代，云游戏产业受制于技术瓶颈无法创造出移动端的场景。

在5G时代到来以后，云游戏也迎来了新的发展空间。一方面，5G网络大大地缩短了游戏的接入时间，让射击类等对延迟敏感的游戏在移动场景下也能满足需求，基本上可以保障玩家端到端的时延被控制在80毫秒内的体验要求，而这在过去的时代是完全不能想象的。另一方面，5G网络切片技术的引入也增强了网络的稳定性，能够让玩家在移动场景中获得流畅的网络体验。

5G技术为云游戏注入了全面发展的奇迹，而云游戏的快速落地也会为5G与各行业的应用融合树立标杆。同时，云游戏还能有效降低5G终端的成本，因为大型游戏对终端的硬件需求很高，集中体现在高性能的CPU（处理器）、GPU（显卡）和RAM（内存）上，而5G云游戏将会有力地支持大型3D手游以及虚拟现实游戏在云端的运行，可以直接降低5G终端成本，自然也会对5G的普及起到关键性的作用。

在中国不断推动5G技术落地的同时，中国的云游戏产业也会逐渐崛起，现在已经进入到产业布局和技术迭代的重要阶段。目前中国移动、中国联通和中国电信，已经分别推出了咪咕快游、联通沃家云游和天翼云游戏三大平台，建立了云游戏的运营渠道，而视博云、华为云、海马云等云游戏老牌厂商也在5G浪潮的推动下不断提升移动云游戏的服务能力，诸如魅族和小米等终端企业，也在积极优化端侧软件技术，让广大云游戏玩家获得更优质的畅玩体验，而像腾讯这样的互联网巨头，也在游戏平台、云平台等方面寻找发力点，构建全产业链。

　　可以预见的是，未来云游戏的产业主要从两方面入手，一方面是要开发原生云游戏的力度，让游戏和虚拟现实技术和增强现实技术高度适配，从内容上推动云游戏的发展；另一方面是加快制定中国云游戏的相关标准，实现各个产业之间的密切配合，避免资源浪费和技术壁垒。

　　根据业内预测，2023年全球的云游戏市场将突破23亿美元的规模，迎来真正的爆发时代。当然，云游戏的发展道路上还需要解决很多问题，比如在硬件操控和硬件架构方面，目前的解决方案还没有统一，亟须标准化，存在着产业聚合力较差的现实，而如何设计出一套合理的消费服务方案，也需要进行持续深入的探索。最为关键的是，中国的原创游戏在内容上和质量上都不能满足广大玩家的现实需求，不少游戏存在着模仿的倾向，同质化严重，因此难以真正展现出云游戏的核心优势。

　　5G时代的到来，从根本上解决了网络信息传输的问题，以后用低性能的移动设备去玩高品质的游戏将会成为现实，当然游戏产业毕竟是一条完整的产业链，无论是基于线上的云端服务还是基于线下的硬件制造，都需要产业协同才能稳步发展起来，而让5G与众多行业深度融合也需要时间，不过这一天距离我们并不遥远，我们只需要去更多地了解5G技术，去适应由它引领的新时代。

4 大数据让娱乐更贴心

随着生活水平的不断提高，人们的娱乐需求也变得日益丰富并且朝着体验升级的方向发展，其中5G就发挥了重要的推动作用。

在传统媒体时代，人们的娱乐方式有限，而且是"被动式娱乐"。比如在闭路电视时代，普通民众能够收看的就是那么几个电视台，选择性非常有限，只能找一个自己能看下去的节目打发时光。在有线电视出现之后，可以收看的电视台多了，有了丰富的选择空间，但从本质上还是被动娱乐，因为你不能主动去寻找预期的娱乐内容。直到在互联网时代，人们可以通过在网络搜索的方式选择娱乐内容，但互联网自身产出内容的能力有限，也不能真正在体验层面深度绑定用户。更重要的是，人们能做的还是"主动"去寻找娱乐，需要付出一定的时间成本和精力成本，体验上自然会大打折扣。

5G时代除了开启万物互联之外，还引领了一个智能时代的到来，而智能时代的主要特征就是可以主动地帮助用户筛选他们所需要的内容和信息，而在背后起到支撑作用的就是大数据计算。打个比方，当你想要看一部经典怀旧的电影时，通过网络检索的方式没有找到，但是大数据通过你的浏览痕迹察觉到了你的需求，于是通过特定软件向你推荐一部电影并给出了地址链接，这就是主动为用户提供娱乐内容的服务。

当然，上述提到的服务还是不够智能，因为你依然是在主动搜索之后才被捕捉到信息的，而在5G网络更加成熟以后，大数据会以实时捕捉的方式去了解用户的需求，比如用户反复观看了一条和萌宠有关的短视频，那么大数据就可以判定出你对该类视频充满兴趣，于是就通过计算在你的短视频软件上推送内容最为接近的萌宠类视频，尽量做到接近之前反复观看的视频风格，这样用户就可以在不特意花费时间去检索的前提下享受贴心的娱乐服务。

其实在5G时代以前，大数据计算已经发展到了较高水平，但很多数据处理是带有延时性的，比如你在今天购买了一辆汽车，明天会有保险公司向你推荐车险，这是因为信息的传输和处理需要时间。而在5G网络成熟以后，你在下单购车的一瞬间系统就会根据你消费的车型去判断你的消费能力，然后为你推荐适合的车险类型，5G的高速传输就起到了至关重要的作用。

为什么大数据的娱乐更符合未来发展的潮流呢？其中一个重要原因是自媒体时代，内容生产者越来越多。比如在短视频领域，每天都会有成千上万条视频被创作出来，虽然各大平台也会将其中的精品筛选出来推送给用户，但这毕竟不能代表用户自身的选择，而根据用户检索而推荐的同类视频，也不具备高度智能化的特征，很可能你只是看了一半的体育比赛回访，系统就推送给你了一条运动鞋的广告，这种非强关联的信息判断自然会破坏用户的体验感。但是在5G时代，这种情况鲜有发生，因为云计算能力会显著提高，会对大数据进行更为精准的筛选，比如从月初就开始收集你对各类短视频的收看偏好、完播率等，然后再综合你阅读的相关文字信息和检索的图片内容，最后合情合理地推送给你所期待的短视频内容，这样的娱乐服务才是最有适配性的。

从5G目前的发展状况来看，未来大数据领域也将引发一场深远的变革，直接推动娱乐产业的体验感升级。

第一，大数据的维度更加丰富。

由于5G带来的是万物互联，所以人与人、人与物以及物与物之间的连接会更加丰富，所产生的数据类型会多种多样，从人的体温变化到情绪变化，从出行的路线再到对某物品的使用频率，加上各种可穿戴设备、无人机器等科技产品的应用，会让一切数据分析变得更加"智慧化"。比如当你心跳不稳、血压升高的时候，系统会自动屏蔽那些带有恐怖元素或者过于激烈的娱乐内容，转而为你推送能够放松身心的轻松节目，优化你的娱乐体验。

第二，大数据的规模会呈指数级增长。

由于5G能够让单位面积的联网设备数量达到4G的100倍，所以海量的物联网的感知度会产生海量的数据，加上5G的高速传播，会让数据采集得更加快捷。当你在出行旅游时，停留在一个海边连续拍摄了多张照片并且刻意选择沿海的公路行驶，那么你的手机和汽车上的传感器等设备就会把相关信息提交给云计算中心处理，在你回家以后，系统就会为你推送一部和海滨旅游相关的综艺节目、电影电视或者是一款主题游戏。

第三，边缘计算的深度发展。

根据IDC（互联网数据中心）的报告显示，进入5G时代以后会有45％的物联网数据将通过边缘计算进行数据存储和数据分析，从而优化数据中心的工作流程，这样一来，当有越来越多的物联网设备接入以后，数据中心负担计算压力也会相应减少，同时也会增加数据中心的稳定性和安全性，毕竟大数据分析事关用户的隐私，如此丰富的信息一旦外流会给用户带来难以预料的损失。

5G时代已经距离我们越来越近，无论是在生产端还是消费端，无论是人们的学习生活还是娱乐生活，都将随着新技术的融入产生新的变化，我们会逐渐享受到更多的智能化服务，满足我们越来越"苛刻"的体验需求，而这正是5G带给人们的福祉。

5 一切即服务

5G时代带给社会大众最直接的体验是什么呢？答案是服务。这种服务会贯穿在所有泛娱乐业务中并延伸到一些多元文化构成的融合的产业。

从近两年的发展态势来看，泛娱乐业务对内容的需求逐渐旺盛，推动了整体交易量的大幅度增加，这意味着有越来越多的用户进入这一消费领域。与此同时，娱乐平台会逐步升级为各个渠道的整合体，从而实现围绕文学、音乐、影视以及游戏等多平台多种类的娱乐平台生态化，在这个新的生态中，优质的服务体验将成为未来最大的卖点。

第一，提供更具有匹配度的IP服务。

IP一直是泛娱乐产业的生财法宝，一个打IP的价值往往是无法估量的，但现在的问题是，资本市场为了生财而广泛地培育各种IP，在一定程度上导致了IP的泛滥，IP再有知名度和内容，也不可能适用于所有人。另外还有一个重要原因是IP的开发问题，有些影视剧虽然围绕一个大IP诞生，还邀请了众多明星和高质量的制作团队参与，然而最终的市场成绩并不好，造成这种IP和绩效脱节的根本原因就是IP与受众的匹配度不够。那么，在5G时代，随着云计算、大数据和各种智能设备的出现，会催生出针对受众IP设计的服务，也就是先在某个IP的固定粉丝中进行实时的数据追踪，了解他们和IP的绑定深度以及对IP衍生品的偏好程度，从而确定IP的改编是否符合他们的审美需求。同时，对于潜在的用户市场，这种追踪调研技术可以了解IP的新粉丝画像，这样就能对即将诞生的IP作品进行了一个具有科学调研背景的预估，加上对参与IP创作的团队和明星的粉丝调研，就能建立一个IP作品投放市场后的估算模型，有了模型作为基础，资本就不会盲目乐观地高估IP所产生的经济价值。那么，在进入宣发阶段时，大数据分析也可以最快地找到受众人群，让IP内容和最需要的用户高度匹配在一起。

第二，提供给用户更优质的体验。

用户在泛娱乐业务中需要获得一种体验感，但这种体验感是站在体验者的角度的，比如在观看一部影片之后，用户还想了解到关于影片背后的制作花絮、内容解析以及主创团队采访等花边内容，这对于出品方来说当然是好事，但由于不能准确把握哪些受众具有这方面需求以及不同受众关注点的细微差别，所以出品方往往只能通过海量信息推送的方式，在不对用户进行甄别的前提下去维持IP的热度，既浪费了相当于的资源，也会让一部分受众产生审美疲劳，由此产生较差的体验感。针对这一情况，5G技术会通过整合一个可以无限计算的平台，以服务和数据作为分析素材，实时从用户的各种网络终端去了解具体的娱乐需求，然后将这些宝贵的数据传回到后台进行计算，进而精确地锁定用户与用户之间的细分差异，这就像是在一个青春偶像组合中，有只喜欢某一个人的"唯粉"，也有都喜欢的"团粉"，看起来他们都在关注同一个节目，但他们的关注侧重点是不同的，5G技术就会在海量的数据中分析出这种差别，提供不同的泛娱乐服务。

第三，提供给产业更丰富的跨界融合。

行业跨界往往可以带来意想不到的催化组合，产生新的体验方式和交互方式。在泛娱乐业务板块中，可以借助5G的高速度和低延时等特性，重新打造出一个数据密集、移动的新应用场景，同时依靠AR、VR以及无人驾驶等技术，让娱乐体验的场景更加多元化，推动泛娱乐产业朝着更多的领域延伸。打个比方，当一些游戏玩家关注自己期待的游戏产品展会时，现场的无人机可以随时传送给他们4K的高清图像，虚拟现实技术也可以让玩家身临其境地感受现场的氛围，与此同时，无人机也可以将展会举办地的旅游资源介绍给游戏玩家，让他们借助智能穿戴设备去体验当地丰富的旅游资源，从而实现了从电玩产业到旅游产业的跨界，不仅如此，游戏玩家还可以通过虚拟现实技术了解游戏的周边产品并通过网络直播等方式下单购买，又让电商产业和泛娱乐产业相结合，以此为逻辑可以衍生出无数种组合方式，而这种方式都是基于用户偏好出发的，并不会给用户强行推销的不愉快感觉。

随着5G技术的应用和大规模商业推广，未来时代的泛娱乐产业会获得更多的发展机会，也会让更多相关联的产业被整合进来，形成新的产业生态，而在新的生态的用户培育之下，会产生新的娱乐需求和消费需求，带来一种裂变式的连锁反应，让泛娱乐的业务从体量上和形式上都进入一个新的发展阶段，获得更多的变现方式，最终回馈给用户更优质的体验。

第九章

CHAPTER 09

工业互联与物流变革

（1） 万物互联

万物互联到底是一个什么样的时代呢？在回答这个问题之前，我们可以先回顾一下5G出现之前的通信时代，它们都是基于人为中心进行设计的，偶尔会关联到某几件贴身的物品，本质上这些物品也还是人的延伸。但是进入5G时代就完全不同了，这场新的技术变革带来的不是针对人而是针对物的改变，几乎各项指标都已经超出人的极限，换句话说，5G时代是万物互联的起点。

1998年，麻省理工学院首次提出"物联网"这个概念，发展到今天，这个概念已经有了更加丰富的内容，世界各国也根据自身的现实情况提出了不同的物联网战略。美国在2008年将IBM公司的"智慧地球"作为国家战略，而欧盟在2009年则提出了物联网行动计划，同年中国提出了"感知中国"战略，日本则提出了"i-Japan"国家战略。短短的几年里，全世界都掀起了一股追求物联网的炽热浪潮。

一般认为，万物互联具有三大特征：感知性、互联性以及智能性。感知性，指的是几乎所有的物品都能通过传感器和监控摄像机进行更透彻的感知，不仅了解它们的外形，也能了解内部构造，还可以跟踪它们的行动轨迹；互联性，指的是所有物品都能通过有线或者无线的方式形成更为全面的连接，不再有被孤立的个体和信息死角；智能性，指的是人类可以依靠高速度的分析工具和集成度高的平台进行更智能化的计算。总之，5G技术将引领人类进入到一个移动互联、智能感应以及智能学习的新时代。

试想一下，在5G网络全面铺开的时代，我们只需要通过一个终端设备就能够操控家里的任何电器。如果你是一个生产者，也可以通过终端设备去操控大型的机床、货车甚至一整条流水线，你不用亲临现场，而是通过安装在各类设备上的传感器和摄像头就能够清晰地看到现场发生的一切，后台的云计算系统还会帮你处理相关信息，而你只需要作出关键性的决策即可。

万物互联应用在工业领域会直接提升产业效能，为社会创造更多的经济价值，而中国也在加紧布局工业互联网。

2019年，第六届世界互联网大会在浙江乌镇举行，会上提出了"构建万物互联的智能世界"，而作为物联网产业之一的工业物联网，从《物联网"十三五"发展规划》到《中国制造2025》，都在中国政府的大力支持下快速发展。2020年，中国工业互联网产业经济增加值规模约为3.1万亿元，而在2021年这个数字达到4.13万亿元。毫无疑问，中国作为全球的第一制造大国，对工业物联网的需求和投入是非常明确的，在市场的推动下，中国的工业物联网发展也从过去的政府主导逐渐朝着应用需求的方向转变，同时，随着5G

基础建设的逐步深入，工业物联网的全面建设也会同步提升。

工业互联网的核心是将设备、供应商、工厂、产品以及用户紧密结合在一起，连成一个可以闭环的"圈"，其桥接的部分就是各种传感器、智能穿戴设备以及控制系统等，由此组成了一个完整的高智能化网络，让产品、生产设备和现实世界、虚拟世界互通有无，让人们在工业生产领域实现持续的信息交互。当然，要想达到这个目的，就要实现三方面的精准互联。

第一是设备和产品之间的互联。

在工业万物互联的时代，"智能工厂"将成为发展方向，为了让这种高智能化的生产单位自由运行，就必须让设备内部的零件进行"自由的沟通"。简单说，就是齿轮A和齿轮B知道彼此应该保持何种速度才能实现高度的匹配，同时它们还要知道相关的信息参数、制造时间以及下一步的运行情况，这样设备就能清楚产品进入到何种完成度、是否存在破损、是否达标合格等，相当于在生产线上多了一个"智能监工"。

第二是生产设备之间的互联。

在智能化生产设备技术水平持续提高的前提下，智能设备之间必须要实现"互通有无"的关系，这样才能依靠智能管理系统组合成一条完整的智能生产线，进而组成一个完整的智能工厂车间。智能工厂和传统工厂最大的区别在于，它拥有强大的智能制造系统，其内部不是一成不变的，是可以根据实际情况进行自由组合与动态分配的，尽可能地满足各种制造需求。

第三是现实和虚拟的互联。

工业物联网的一个重要组成部分是信息物理系统，当该建成之后，无论是操作员、生产设备还是其他生产资源之间都能密切地联系在一起，从而推动传统工业的生产线完成转型升级，让智能工厂的智能化水平达到最高，甚至可以在整个生产的过程中完成自我感知、自我诊断以及自我修复等复杂任务，人类将进一步从工业生产中被解放出来。

如果将5G网络视作一张公共网络，那么它会被切分成许多切片，分布在不同的领域中发挥各自的作用，比如智能交通、智能家居、智能健康管理等，而与人类生产生活密切相关的工业和农业领域也必然大有作为，既能让人类的生活变得更加便捷，还能从整体上提高人类对社会的管理能力。从这个角度看，5G带来的万物互联，不仅意味着有更快的速度，还有更智能的现代生产和生活方式，随着5G技术与各行各业的深度融合，我们的世界也会改变现有的模样。

 2　制造业的新机遇

随着5G牌照的正式发放，社会大众对未来生活的变化也产生了无尽的想象，尤其是对于制造业来说，万物互联势必会带来新一波的产业变革，而5G技术也会充分注入到工业领域中，产生多种"化合作用"，为中国的制造业带来新的生机和希望。

众所周知，5G的出现不仅改变了传统意义上的下载速度，也改变了生产设备之间的依存方式和连接模式，达到去中心化和网格化的智能管理效果，这种变化所引发的连锁反应是强烈的，体现在以下五个方面。

第一，简化工厂设备的连接方式。

在传统工厂中，随处可见的是大段大段的线缆，它们的存在价值是进行信息传输，确保生产流程的推进，而在5G网络全面铺开以后，高速率和高稳定性的无线网络完全可以取代复杂的线缆，方便人对生产设备的控制，也便于设备和设备之间的数据传输，自然地，过去针对线缆的购买和维护成本都被节约下来，由线缆引发的安全问题也将一并消除。

第二，批量装备的智能机器人。

早在5G技术出现之前，用于生产的机器人手臂也广泛出现在制造业中，但其智能化和自由度十分有限，主要原因还是线缆的束缚让机器人无法自由行走。而随着无线网络的传输速度升级以后，机器人将不再被线缆束缚，可以在安装各种传动装置以后随意地在工厂里走动，伴随着智能操控系统还可以替人类解决基本的生产问题，对未来智能工厂的发展提供了广阔的开发空间。

第三，智能化的维护方式。

在传统的生产模式中，工厂中的机器设备一旦出现问题就需要专业人员过来现场维修，然而当维修人员无法到场时，存在故障的机器设备就职能暂时停工，这对于生产线带来的压力是可想而知的，所造成的经济损失也是难以估量的。不过在5G时代，工厂面临的维修问题也将迎刃而解，因为万物互联也包括万物之间有关信息的互联，能够突破工厂维修工作的边界。一旦工厂的某个设备出现了故障，可以通过安装在设备上的传感器连接各路专家，将真实反映出的各类参数传递过去，专家不用亲临现场就能作出判断，然后借助VR等智能穿戴设备进行实时指导，快速排除障碍，恢复生产。

第四，人性化的信息交互。

在传统生产模式中，甲方需要将自己的想法告诉给厂方，厂方按照自己的理解进行生产，但这个信息交互的过程可能会存在沟通不畅、理解偏差等问题，从而给双方带来损失，而一旦制造业实现了万物互联，甲方就可以将自己的想法直接"告诉"给工厂的生产设备，因为彼时的生产设备已经高度智能化，可以充分理解甲方的要求，做到所想即所得。

第五，云服务器提高生产效率。

在万物互联的时代，工厂中的每个生产设备都能自由接入到云服务器之中，同时进行超低延时的信息交互，届时将有海量的信息被传送到云服务器的网络中，这些数据可以用来训练人工智能，让其了解生产流程中的所有环节。这意味着云端服务器的应用效率和人工智能的学习进度将进一步提高，由此带来的就是海量的工业数据通过5G网络被汇集起来形成庞大的数据库，届时工业机器人将在云计算的帮助下进行自主学习并作出精确的判断，提供给生产者最佳的解决方案。简单说就是机器人的"后台"不是人类，而是一个具有超强运算能力的云服务器，它比人类掌握着更丰富的数据，自然也会作出更符合生产实际的决策。这样一来，工厂的生产流程将进一步简化，生产效率获得大幅度提升，机器人不仅可以成为人类的高级助手，甚至还可以成为人类的高级参谋，让人和机器人在工厂中成为合作伙伴的关系而非人与机器的关系。

以上对制造业的万物互联构想并非只是脑洞打开，实际上早在2017年的巴塞罗那世界移动大会上，华为就携手德国电信现场表演了基于5G技术的两只机械手一起托举箱子的实验，其原理是利用5G网络端到端的切片技术，对两只机械手臂进行精准的控制，使之动作同步并流畅地完成预设的任务。当然，这个实验只是未来制造业中的一个亮点，在智能工厂取代传统工厂以后，我们看到的将不只是大批的智能机器人出现在生产线上，还能见证整个生产单位的智能化和网络化，机器人之间的协调也不再是黑科技，而是整个生产线的高度集成化和智能化。

5G技术将极大地推动智能制造的全面实现，借助5G技术支撑的工业应用，会在未来成为引爆智能制造领域的关键点。当然，想要真正实现工业级的5G大规模应用，还需要进行必要的摸索与试错，毕竟工业制造不同于消费领域，它对各类应用的稳定性和可靠性有着更高的要求，因为只要发生偏差就可能带来严重的生产事故。另外需要注意的是，5G技术的高效应用还要与高度发达的工业基础相结合，单靠几个智能工厂的诞生是不足以实现制造业的万物互联，只有提高全行业的生产数字化水平，打造一个覆盖范围极广的数字化网络，才能让5G技术和制造业进行更好地融合，进而带来革命性的变化。

3　工业互联近在眼前

工业领域的万物互联为我们展示了一幅神奇的图景，那么距离实现这个宏远的目标究竟还有多远？我们是否已经做好了充分的准备呢？事实上，目前世界很多国家都在谋求进行一场大范围、深层次的科技革命和产业革命，中国自然也不例外。

2018年，中央经济工作会议明确提出要加快5G商用步伐，加强人工智能、工业互联网、物联网等新型基础设施建设。显而易见，中国已经看到了5G技术与工业互联网对我们的现实意义，主要体现在以下三个方面。

第一，工业互联网是符合产业变革的必由之路。

纵观世界各国，都在酝酿新一轮的产业变革，而工业领域的万物互联就是发力的重点。比如美国正在加快布局5G在制造业和智能交通等领域的应用，而欧盟则全力推进5G在工业、农业等诸多领域的应用试验，日本发布白皮书重点推动5G的工业应用。回看中国，5G和工业互联网都已经实现了和世界主要国家同步发展的节奏并且一直积极探索"5G+工业互联网"的融合应用，这是顺应时代发展的必然选择，也是我们力求抓住第四次工业革命的信心体现。

第二，工业互联网能够加快新型基础设施的升级速度。

作为新一代信息通信技术和实体经济相融合的产物，工业互联网高度集成了移动通信和人工智能等先进技术成果，进而打造出具有数字化和智能化的现代基础设施，这与当前工业互联网多样性发展的需求不谋而合，也是推动工业互联网网络升级的重要推力，对加速打造高速、智能、安全的新一代网络起到重要的支撑作用。

第三，工业互联网是数字化转型的催化剂。

在5G技术的应用背景下，过去的人人互联演进到万物互联，从移动互联网向移动物联网发展的过程中，会推动数据采集和处理所带来的差距缩小，提升服务体验。工业互联网在众多领域的融合会直接引领产业数字化的势头和热度，从而形成以智能化为中心的工业新模式，完成社会生产全要素、全产业链以及全价值链的升级任务，最终为数字经济的进一步发展提供驱动力。

最近几年，中国的产业界一直坚持创新发展，政府发挥引导作用，企业坚持自主创新，加快推动5G和工业互联网的研发和产业化，持续取得新进展，融合效果明显。下阶段，中国将在四个方面不断发力，才能推动工业互联网早日到来。

第一，打造完整的产业生态。

没有良好的生态作为依托，工业互联网就无法形成矩阵优势，这需要发挥工业互联网产业联盟和5G应用产业方阵等多方面的组织力量，培养一批精通5G技术同时又了解工业互联网的专家和人才，才能研发出更先进的5G技术，孵化出更优质的5G融合项目，为工业领域提供各类切合实际的解决方案。

第二，积极贯彻5G发展战略。

万物互联的实现需要战略层面的持续推进，只有强化基于5G企业内网建设改造的测试、评估以及咨询等方面服务能力，才能更好地引导5G和工业的融合深度和裂变广度，从而建立出适应中国工业格局的应用场景，帮助工业互联网战略落地。

第三，不断夯实发展基础。

5G网络的环境建设至关重要，因此必须加快利用5G技术对工厂内部网络的改造进程，这样才能为融合发展提供必要的设施保障，由此打造5G与工业互联网融合的研发体系，进一步提高相关技术应用的研发效率和转化效率。同时也要有效引导社会资本对工业互联网领域的资金支持，为融合发展奠定物质基础。

第四，统一技术标准。

万物互联是一个没有信息孤岛存在的融合时代，因此建立统一的技术标准对推进5G网络的铺开具有重要意义，未来势必要依托国家工业互联网标准协调相关产业在技术标准上的统一进程，对工业互联网的融合体系进行统筹安排，为其搭建适应全行业的合作平台，才能从内部消除各类融合障碍。

在国家大力支持工业互联网发展的有利环境下，目前国内5G技术在行业应用方面已经加快了步伐，很多基础电信企业和大型工业企业正在进行强强联合，已形成20多种融合应用类型，主要集中在工业制造、能源电网以及智慧港口等领域，比如中国商飞与中国联通、华为等企业合作，探索依靠5G全连接工厂进行实时管控的新模式，再比如南方电网也联合中国移动和华为等企业，依托5G切片技术在深圳开展5G承载配用电业务改造试点。随着工业领域的融合程度加深，目前已经初步形成以粤港澳大湾区、长三角地区为引领，鲁豫、川渝以及湘鄂等地区积极推进的"两区三带多点"集群化发展格局。

虽然目前中国的工业互联网建设取得了初步成效，不过仍然存在着发展空间，一方面是5G在工业领域的应用场景还需要进一步的探索，这样才能确保工业企业对5G的理解程度逐步加深，另一方面是5G的技术生态并没有完全成型，需要配合工业领域进行标准化。只有妥善解决上述问题，才能让工业物联网发挥应有的作用。

5G技术将开启一个万物互联的数字化新时代，而工业互联网则是其中最重要的应用场景之一，当二者进行深度融合以后会产生意想不到的变化，而这个变化就是工业领域目前努力探索的重要方向，中国也将加大研发和投入的力度，让万物互联为我国的经济发展发挥助推器的重要作用。

④ 物流，至关重要

产业引发变革的关键动力是技术变革，作为改变产业格局的革命性技术，5G时代将会对各行各业产生积极的革新作用，而作为"新基建"中的重要组成部分，物流业也会朝着万物互联的方向进化，结合人工智能、云计算以及大数据技术，晋升为智慧物流，进而推动整个行业的高速发展。

最近几年，在国家相关政策的推动下，智慧物流发展空间巨大。据估计，在2023年，中国的智慧物流装备市场容量将超过万亿元。在智能制造领域中，智慧物流是核心组成部分，是连接供应和生产的关键环节，决定着智能工厂的发展程度。随着越来越多的制造类企业朝着智能化和数字化的方向转型，拥有智慧能力的物流系统必然要发挥更大的作用，它可以通过不断优化业务规则，对生产资源进行合理有效地利用，满足企业的生产需求。

为了实现智慧物流，就必须打好基础，而这个基础就是物流装备。物流装备是由软件和硬件系统组成的，是智慧物流系统中不可分割的元素，也是提高物流效率的手段。随着工业领域的万物互联逐步实现，物流装备产品也将迎来创新迭代，最终成为市场发展的新推力，帮助智慧物流从产线延伸到智慧工厂，最后扩展到产业物流链的整个领域。那么，在物流装备得到质的改变之后，新技术下的智慧物流也会发生翻天覆地的变化。

在智慧物流体系中，传统的人力解决问题的方式将被机器人的计算所取代，人类将通过技术与技术的融合以及业务与技术的融合构建起一整套全新的模型，从而实现物流核心业务的优化控制和精确分析。现在，对物流行业影响较大的新技术包括大数据分析、物联网和人工智能等技术，物联网能够对物料进行全程追踪，大数据技术将对业务进行数字化分析，人工智能则是大数据分析技术的升级，将演变成新一轮产业变革的核心驱动力。综合以上各种技术力量，未来的物流产业将变为全程智能操作的新模式。

在5G技术的背景下，物流将被重新定义，体现在以下四个方面。

第一，升级物流装备的智能化水平。

5G技术的发展势必推动人工智能技术和边缘计算技术的发展，而这两项技术将直接推动物流装备与制造业的融合深度，让物流装备通过状态感知、信息交互以及实时分析等方式，自动识别物料并具有一定的自我纠错能力，从而全面提高物流装备的智能化水平。

第二，提高物流系统的调度控制能力。

智慧物流可以充分结合5G边云协同特性，实现基于5G的移动搬运设备的云化调度控制，通过定位设备和图像识别等方式对环境进行复杂的感知，然后将感知到数据上传到5G边缘服务器中，实现云化物流设备的大规模密集部署和大范围无缝切换，打造一个高效快捷的生产搬运体系。

第三，推动底层通信技术的进化。

5G网络切片能够满足不同应用场景下对网络资源的需求，从而保障网络服务品质，5G的无线组网方式能够完美取代漏波电缆和工业Wi-Fi等传统的通信方式，从而让企业园区只需要介入5G网络，就能加快实现物流领域关键网络基础设施的进化速度。

第四，改变物流装备的运作模式。

在物流业引入智能装备和5G网络之后，就可以轻松地打通远端设备和本地数字模型的传输通道，从而实时地传输远端设备的运行状态以及其他各种参数，然后传输给本地监控中心进行监测，起到远程监测、信息采集以及预测维护等功能，一旦出现故障也不需要专家亲临现场，而是通过智能穿戴设备远程处理。

2020年6月8日，由中国移动、华为、昆船和倍福四方联合打造了国内第一个5G全场景智慧物流装备创新孵化基地，其中推出一系列的5G智能装备，比如5G高位叉车、5G地面叉车以及5G穿梭车等，其中5G交叉带分拣机达到了格口最小化设计以及网络结构简化等领先行业的标准，而5G环形穿梭车之间的防撞距离也被进一步缩短，意味着物流输送效率得到了提高，空间被充分利用。此外还有通过集成视觉识别设备进行作业的5G堆垛机等先进成果，宣告了中国在智慧物流领域迈出了一大步。

随着5G网络建设步入关键阶段，5G和工业互联网的融合也会引起业内的新探索，比如加快5G物流装备的应用研发，加快物流装备5G通讯的标准建设以及5G物流装备在各类工程项目中的应用等，这样才能让5G技术凸显物流业在智能制造中的核心地位。总的来说，5G技术赋能智慧物流，不仅是物流转型升级和创新发展的推动者，还是将物流行业与大数据、物联网以及人工智能等先进技术相叠加的融合者，无论是在设计环节中对模型制造的设计协同，还是在生产环节中对探索网络的协同调度，都将发挥不可或缺的作用。

在层出不穷的各种新技术的推动下，未来的智慧物流会进化成一个错综复杂的柔性网络，在智能系统的协调和调度下，实现人与设备的资源共享。设备将完成自我协调、自我完善以及自我优化的关键性蜕变，进而实现智慧物流的共享功能和绿色功能，开启属于5G智慧物流的新一片蓝海。

5 电子支付对未来商务的突破

关于5G技术，任正非曾有过这样一段话："5G它将带来社会极大变革，很多事情会自动化，很多工作岗位会消失。"的确，当5G网络真正融入我们的生活时，我们才会发现原来有很多行业都可以进化成更自动化、智能化的形态，支付领域就是其中一个。

在人类社会进入2G时代之前，支付行业的发展是从线下的POS机开始的，最突出的表现是电话POS和有线POS，当时的情况是POS通讯必须要依靠电话线进行传输，虽然受到一定程度的限制，但在那个年代也是一种"黑科技"，因此谁身边有一台可移动的POS机就成为被艳羡的对象。对于商户来说，安装一台POS机是非常麻烦的事情，需要在连接电话线之后反复调试才能正常使用，而且由于通讯状态不稳定导致支付的成功率不高。

支付效率低，这是当时人们的最大痛点，因为它直接影响着交易率，毕竟在没有携带现金的情况下POS机显得尤为重要，也正是为了解决这个痛点，互联网支付开始出现，但从当时的技术水平来看，无外乎是通过电商平台或者保险公司的网关接口或者代扣等方式来实现的，本质上还是依靠系统对接的方式与各大银行进行有线连接，而且用户也必须通过电脑才能进行信息交互。总的来说，虽然技术上有了一定的进步，但还没有达到突破和颠覆的程度。

进入3G时代以后，随着通讯效率的提高以及移动POS机的制造成本降低，分体POS机在市场上逐渐得到普及，电子支付的交易量也得到了暴发性的增长。与此同时，互联网支付也在不断升级，当时的电商平台和保险公司为了获得接入支付，纷纷选择和第三方支付公司合作，这样一来就能减少不少工作量，诸如多点对账、多点接入银行系统等，需要注意的是，当时的支付公司可以完全包揽这一类业务而不需要银行参与。

　　进入4G时代以后，通讯效率相比3G时代提高了几十倍，但3G的下载速度本来就在2M每秒左右，并不算高，所以4G的速度并没有达到惊艳的程度，这就致使电子支付的增长量也十分有限，此时最明显的变化就是线上大多普及了移动POS机并成为主流，而优质的商户还会开通智能Pose机，依靠智能手机为媒介进行信息交互的M-POS也成为个人终端的主流，这些终归还是和4G网络的智能交互体系有关，也形成了新的支付方式。不过，4G时代真正改变人们支付习惯的还是二维码支付，它几乎在一夜之间就进入了市场，大众消费者无论衣食住行都离不开它，二维码的出现也在支付领域形成了垄断级别的存在，直接挤压了其他支付公司的生存空间。

　　从本质上看，二维码支付属于账户支付，而账户支付属于二级支付，同级别的还有预付卡支付，而一级支付则包含了POS刷卡和网关等支付形式。尽管如此，二维码支付还是成为大众消费市场的主流，毕竟拥有越多的账户就意味着支付的基本盘越大，越容易积累量变优势，而其他支付公司虽然提供的是一级支付方式，但市场份额实在有限，导致生存压力急剧增长。

那么，当5G时代来临后，电子支付领域又将发生何种变化呢？其实，最突出的进步可能就是刷脸支付取代扫码支付。

众所周知，5G技术会大幅度提高数据传输速度，这意味着未来会有更多的高清摄像头出现，它们的作用不仅仅是监控，还能起到采集消费者面部和行为特征的作用，以后的任何场景下都会有多维度的摄像头发挥这些功能，当它们采集数据之后就会高速回传给云端，依靠人工智能进行数据分析。当然，高清影像自身所占的空间较大，云端不会全盘保留，而是只留存最关键的片段，比如清晰的人脸信息。另外，随着高清摄像头在功能上的进步，未来的刷脸支付不会像今天这样近距离才能完成，在很远的距离甚至不需要对准脸部的情况下就能识别。

可以预见的是，未来的支付环境就是：小额支付无需确权，都是免密支付；中额支付会通过云端向消费者提出确权要求，然后通过终端输入密码支付；大额支付可能会部分回归到传统的刷卡或者银行转账形势，毕竟电子支付通常都有限额。

电子支付的演进，直接关乎未来商务的发展状态。如果刷脸支付成为主流，那么它对未来的市场交易会产生哪些重大的变革作用呢？

第一，提供更便捷的支付环境。

虽然电子支付相比传统的刷卡已经十分便利了，但仍然会受到网络延迟、系统卡顿等客观因素的影响，而在5G网络下传输速度不是问题，人工智能和云计算也会解决系统卡顿的问题，那么消费者无论是在电商平台还是线下平台消费时，只需要通过终端的摄像头进行刷脸支付即可，无需输入密码或者确认其他信息，毕竟5G时代的高清摄像头不会产生错误判断的意外。既然支付更方便，交易率也会有所提升。

第二，降低维护成本。

移动POS机虽然支付起来也很方便，但毕竟需要较高的制作成本，同样，扫码机、收银机也是如此，它们都必须依托人力进行操作，而刷脸支付则可以完全摆脱人的束缚，直接帮助消费者完成交易，极大低降低了维护成本。

第三，增强支付的安全性。

支付安全一直是消费者最关心的，而传统的电子支付存在着误点链接或者被黑客裹挟等交易风险，一旦出现问题还不容易溯源，但是刷脸支付就相对可靠许多，只要出现支付纠纷，就可以通过调取高清影像来判断，提高风控效率。

第四，实现更多的消费场景。

5G时代的支付将跳出传统的线上和线下支付场景，让人们在乘坐公共交通工具时直接刷脸支付，同理高速公路交费也可以参照此法，还有很多线下场景如健身房、洗浴中心等，只需要一个接入5G网络的摄像头就能完成支付工作。

在5G技术的推动下，未来的电子支付会更符合便捷高效的时代发展要求，也会一并解决支付安全问题，为消费者提供流畅、稳定、放心的支付环境，而支付生态的变革必然也会推动市场经济的繁荣，进而带动整个人类社会走向更高级的文明阶段。

第十章

CHAPTER 10

5G 与传媒产业

❶ 逐渐消失的媒介

随着移动互联网、5G和AI技术的快速发展，各行各业都受到了前所未有的冲击，面临着不改革就可能被时代淘汰的可能，传媒产业就是其中一个。

在传统媒体时代，用户想要获得信息很难通过自主搜索的方式去获得，只能被动地接受媒介的信息传递。简单说就是对方传递什么消息，人们就接受什么消息，信息渠道存在较大的局限性，而这也是传统媒体行业的主要短板。

时代在发展，传统行业自身存在的属性也开始发生变化，最突出的就是自媒体的大量出现和搜索引擎的发展，让人们可以自由地获取信息，主要体现在四个方面：一是在内容和信息量上的多样化，让传媒渠道更加广泛，自然用户的总数也水涨船高；二是人工智能技术的出现，可以通过获取大数据来了解特定人群的特定需求，从而向他们推送具有针对性的信息，极大地提高了信息传递的效率和满足感；三是人工智能与大数据技术相结合以后信息加工的效率远超过传统媒体，减少了很多不必要的重复劳动；四是信息的传递速度加快，某事件发生以后，新媒体可以在最短的时间内完成信息整合然后推送给受众，而传统媒体则还陷入到信息获取、筛选、加工、审核、发布等复杂又漫长的路径中。总之，呈现给用户的就是形态多样的信息内容。

造成传统媒介失去市场竞争力的根本原因，还是其内容生产的观念不能与现阶段的生产力水平提高和物质发展相匹配。关于这个趋势，我们在4G时代乃至更早的阶段已经预见了，那么在进入5G时代以后，这种变化还会朝着什么方向发展呢？虽然目前我们不能给出一个明确的答案，但是可以大致作出判断，那就是传统媒介在5G网络的冲击下将会消失得更加彻底。

第一，5G时代决定了用户基础仍然是信息传递的重要依托。

为何传统媒介不再被人关注，其核心原因就是丢失了用户基础。过去，读书、看报、听广播、看电视是获取信息的重要途径，而如今上述媒介大部分都成为夕阳产业，或者说失去了原有的传媒功能：图书很少再传递有时效性的信息，各类报纸几乎消亡，广播只被特定的人群所关注，如司机、老人、盲人等，而电视虽然依旧肩负着信息传递的功能，却无法和网络相比，其滞后性十分明显。那么在这种背景下，各类传媒手段所覆盖的人群将变得少之又少，没有了用户基础，即便想要革新也是缺乏动力。

相比之下，5G网络的全面铺开，会进一步从传统媒介中争夺受众，比如在无人驾驶技术普及以后，车联网会为驾驶员提供更丰富的信息获取渠道，而不是只能收听不能观看的广播，毕竟这时的司机已经可以将注意力转移到其他方面了。同理，共享读书、虚拟世界的听书也会吸收新一批受众，让他们放弃传统的信息获取方式，在兼顾社交和娱乐等属性之后享受新的生活方式……诸如此类，传统媒介的用户基础将会进一步流失。

第二，5G时代决定了用户的参与度要远高于传统媒体时代。

信息获取，看似是一个单向传递的过程，但其实这只是传统媒体时代的一厢情愿罢了，因为受众在获取信息之后，也有质疑和讨论的权利，这个权利在进入互联网和移动互联网时代以后被展现得淋漓尽致，于是就有了网友"看评论比看新闻更精彩"的描述。简单说，受众对信息也有着再创造的需求，传统媒介在这方面几乎没有任何优势，反而会给用户一种"我说的就是符合事实"的感觉，而在消费升级的时代，人人都有表达的欲望，人人都有表演的潜在需求，这就决定了传统媒介无法满足此类需求。

在5G时代，由于信息的高速传递，会让某个事件发生后在最短的时间内被传递到全世界，加上人工智能、云计算等技术应用，可以不必耗费多少时间就加工出一篇内容丰富的新闻视频，受众不仅可以了解文字内容，还可以观看图像，甚至还可能通过智能穿戴设备回到现场。只要此类信息不涉及敏感要素，那么用户就都能以泛娱乐化的形式参与进来，满足人们对探究信息、阐述观点和互相交流等需求。自然，用户的参与度就会直线升高，会带来可观的流量，反过来又强化用户与媒介平台的绑定深度，形成一个正向的闭环，而这些都是依托于5G技术才能真正实现的。

第三，5G时代在推动人们完成自我实现的进度。

传统媒介并非一无是处，在过去它往往代表着官方的权威，象征着公信力和号召力。但是随着时代的发展，人们对个性化的产物越来越关注，不仅体现在产品和服务上，也体现在信息的传递和加工上，人们不仅希望通过一个平台、一则新闻去和他人交流，也希望借助信息的热度来宣传自己，为自己创造价值。打个比方，一则关于卖假药的新闻传递后，卖真药、做好药的厂家自然就希望通过这个机会宣传自己，让消费者服用对身体有益无害的正规药品，这就是站在药厂角度的自我实现需求，而不是只局限于对假药贩子的声讨。那么，在传统媒介的信息传递中，很难创造出交互如此丰富的平台，无法满足用户自我实现的需求。

在5G技术的加持下，各行各业都将进行深度的技术融合与创新求变，那么当一则假药新闻被传播出去以后，大数据就会根据新闻的内容找出关键要素：假药的类别、覆盖的人群和地域、市场上是否有同类的质量过硬的药品，通过这些信息筛选就能锁定出一个符合要求的药厂或者医药品牌，通过平台进行推送，让购买假药的消费者找到可以信赖的药品和购买渠道。以此类推，不仅是负面新闻，正面新闻也同样可以进行信息联动，比如一则关于美食的短视频，可以根据内容筛选出符合要求的本地美食链接，让受众在观看完视频以后就获得了极为精准的信息推送，而对于同类的商家也能发出相关号召，如"你想不想成为本地美食家的竞争者"等，这样就能将所有的信息受众分门别类，有的可以转化为消费者，有的可以转化为商家，有的还可以转化为有发言权的评论者，如此丰富的转化路径势必带来更多的流量和更高的热度，会促进平台的进一步发展。

5G技术的出现赋予了人们了解原本和自己不相关的信息的权力，让人们随时随地都可以参与进来并且从中找到变现的商机或者满足潜在需求的契机，只有高速度的网络传播效率和精准的大数据分析才能做到，而这些正是属于5G时代的特色标签。

当然，传统媒介并不是一定会消亡，如果能够借助多年积累的影响力和受众基础，对传播平台和传播渠道进行改革，吸引新用户群体加入进来并提高在相关领域的技术和经验，也可以制造出更优质的内容来吸引受众，不过这个过程必然是艰难的，也充满了未知。同样，5G时代的新型媒体传播方式，也要注意加强信息质量，毕竟在人人都可以成为发声筒的今天，假新闻屡见不鲜，能否筛选出精品信息，能否处理好人与数据的关系，这也决定着未来媒介的发展方向。

科技是第一生产力，从1G到5G时代，多少产业的变革都是在移动通信技术的发展下开始的，而传统媒介也将成为技术革命浪潮中或被吞噬或转型重生的存在，当然面临着生存窘境的不仅仅是传统媒介，其他产业也正在接受时代和市场的新考验，一味地固守阵地，一味地抱残守缺，是无法顺应时代发展洪流的，只有学会融合，接受变化，才能获得新的发展空间。

新闻的严肃性与传播性

作为新一代的移动互联网技术，5G的高效传输和大容量带宽等特性将对未来新闻传播行业产生重要的影响，最直接的表现就是打破以文字和图像为主的平面信息传播方式，转而变成以视频、全景信息为主的立体信息传播。另外在传播的广度上，主体也会从人类之间的信息传播升级成为万物之间的信息传播。值得注意的是，5G时代的信息传播在满足人们对高仿真信息的需求同时，也会增加一些缺乏现实意义或者过度娱乐化的信息内容，从而给信息监管和信息安全带来新的危机。因此，能否在确保5G技术强化新闻的传播性的同时保持其必要的严肃性，成为一个重要议题。

从积极的方面来看，5G技术开启了"万物皆媒体"的全新时代，信息传播渠道的丰富性和多样性，提供给人们更生动真实的信息内容，而且每个人都可能成为信息的制造者、加工者和传播者，传媒产业的路径将被大大拓宽，这意味着5G技术将带来一个全新的传媒格局和新闻生态环境，未来"全息媒体""全员媒体"等概念将成为主流，对新闻工作者的业务要求也会变得更加严格，因为人人都有了解事件的渠道，新闻的严谨性和公正性会时刻受到社会的监督，只有提供有价值和有深度的新闻才能赢得受众市场的信任。然而，新闻的深度和价值往往是和其风格与内容的严肃性挂钩的，而在5G时代，新闻的严肃性会不会受到负面影响呢？答案是肯定的。

自古以来，人类对信息的追求除了严肃性之外，还有一个重要的方面就是娱乐性。人们渴望从信息中提取到让自己快乐的因素，甚至对于一些人来说，娱乐性比严肃性更重要，他们并不真的关注新闻事件本身，而是关注新闻事件中的笑点。那么，在进入5G时代以后，这个需求会因为自媒体的大量出现而被不断强化。看看今天各个自媒体发布的信息，娱乐类的永远都能占据显眼位置，因为娱乐性代表着人类的"刚需"，"刚需"则代表着流量，这就致使一些新闻内容的重点从严肃转移到了娱乐上，有的甚至会把严肃信息娱乐化，造成新闻传播的本末倒置。比如一些常见的新闻标题如"某明星喝醉酒当众做出不雅举动"等，诸如此类标题的新闻总能占据热搜榜单，反而是那些认真报道弱势群体利益、社会经济发展的严肃性新闻遭到冷落，这种负面反馈也促使媒体工作者不得不增强新闻的娱乐要素，而弱化严肃内容。长此以往，对社会发展和文明构建是非常有害的。

现在，人们都渴望早日进入万物互联的高智能时代，因为在那个时代里人们获取信息的渠道更丰富也更便利，不必从海量的信息中进行筛选，一味地满足自身的娱乐化需求。然而事实上，5G时代的某些特性不仅不会方便人们筛选信息，反而会增加琐碎无用信息的数量，因为当万物都实现连接时，信息量的爆发是巨大的。

在传统时代，人和人只有在线下发生冲突才构成新闻，而在网络时代，人与人的矛盾是线上和线下共存。但在5G时代，人和人之间的冲突可以通过一台VR设备就能产生甚至强化，发生矛盾的概率增加了，类似的新闻数量也就增多了。这样一来，如果媒体从业者不能形成自律，一味地追求流量和变现，那就可能助推此类低价值、无意义的信息疯狂稀释人们的注意力。

在这种万物互联即可产生海量信息的大背景下，冗余庞杂的信息就会极大弱化新闻的严肃性，受众面对的将是被精心加工过的、只为吸引眼球的大量新闻，其中真正能够帮助自己解决问题和引发思考的会越来越少，或者是根本就不会被发现。

当新闻失去应有的严肃性时，娱乐至死的负面影响就会破坏人类对社会的正常认知，我们可能不再关注现实中与人相处的技巧，转而关心谁和谁在虚拟世界成为夫妻或者谁家的智能机器人"造反了"等花边新闻，这会导致很多正能量的新闻失去关注度和传播途径，而5G技术在其中发挥了放大镜的作用。

从理性的角度看，5G技术本质上是移动互联网时代的一次技术升级，它可以带来相关行业的重大变革，但并不能真正比肩文艺复兴和工业革命。进一步讲，5G本身并没有正面或者反面的标签，区别在于它被什么人使用、以什么方式使用，不同的选择路径可能会产生截然相反的结果。的确，从人们追求新闻仿真性的角度看，VR和AR技术都对受众有着巨大的吸引力，但这只是丰富了新闻传播的形式，决定新闻价值的依然是内容本身。如果人们过于吹捧5G带来的形式上和体验上的变化，那就是忽视了新闻的本质，也忽视了5G对新闻严肃性的客观破坏作用。

5G并非"天性善良"，它可以带给我们足够的沉浸感，但当我们沉溺于用虚拟现实技术回到案发现场模拟破案时，还会有多少人去关注案件背后深藏的社会问题呢？当我们穿戴智能设备去"现场"追星时，还会有多少人关注冬日的流浪汉身上穿的什么呢？事实上，这种苗头如今已有体现，现在很多媒体都在去新闻性和去严肃性，不再聚焦于新闻内容的本身，而是专注于从中提炼"看点"，我们在客观上失去了和有价值新闻接触的机会。

新闻的严肃性和传播性，按理说并非是矛盾的存在，因为严肃代表着内在价值，它是应该被传播也是应该被大众所需求的，但如今的问题是很多媒体特别是自媒体都在争夺流量，刻意地引导受众去关注新闻中的娱乐元素。久而久之，就让人们产生了"严肃的新闻不好看"的潜意识，于是严肃性的新闻在传播能力上就大打折扣。反之，那些大量"注水"的新闻甚至假新闻的传播速度飞快，导致一些媒体工作者将严肃性和传播性对立起来，在利益的驱动下毫不犹豫地选择了后者。

技术创新可以起到融合媒体发展重要作用，5G技术的出现必然会促进新闻业的改革与繁荣，但改革的方向是否符合人类的根本利益、是否没有背离新闻的宗旨，还需要从国家层面进行战略引导，至于带来的繁荣究竟让谁成为受益者，也是一个值得关注和探讨的问题。随着5G时代距离人们越来越近，云计算、大数据以及人工智能等新兴技术也将进一步发展并和新闻业深度融合，重新定义人们对媒体的认识，届时整个行业都将进行新一轮的洗牌重组，我们每个人都将成为参与者和见证者，既要敞开怀抱接受新技术的洗礼，也要擦亮眼睛警惕新技术带来的负面影响。

3 **不可限量的内容运营**

5G时代，传媒产业不仅会在形式上丰富多样，在内容上也会引发新一轮的变革，随着5G牌照的陆续发放，国内外的运营商也开始涉足内容领域，通过逐步加强内容生态建设来凸显5G时代的技术优势，这种看似跨界的行为其实对产生优质内容大有裨益，可以帮助运营商建立差异化优势，进而提升用户的黏性。

相比于国内的运营商，国外运营商很早就关注内容领域的建设，比如在发达国家和地区，运营商对内容的版权制度是比较完善的，这对传媒产业的发展具有一定的保护作用，可以避免或者减少侵权事件的发生，提高内容生产者的创作积极性。反观国内的运营商，之前对内容领域的关注度不够，更关注的是渠道建设和市场营销，而随着传媒业和5G技术的深度融合，只有加大对内容领域的关注和投入才能在客观上推动5G网络的全面铺开，形成新的战略布局。

目前国内的内容市场环境存在着诸多问题，流量为王已经成为行业内的共识，但这种流量至上的观念并不真的有助于优质内容的产生，而是以此为框架生成一套流量财富密码，重结果而轻过程，给目前的内容市场造成三方面的困境。

第一，大量的烧钱行为。

以短视频行业为例，想要把平台做大并不断吸粉，只有持续地投入大量资金才能做到，这么做的结果虽然可以扶持一部分内容创作者，但因为投入巨大，投资方回本心切，就不太可能专注于长期孵化高质量的内容项目，转而把目光集中在能够快速变现的项目上并由此形成恶性循环，挤压有志于深耕优质内容的创作者的生存空间。

第二，行业巨头格局形成。

无论是短视频市场，还是其他社交、知识类平台，各个领域都出现了寡头，比如抖音、快手、微博、知乎、贴吧、小红书等，虽然彼此之间存在着内容的差异化，但总的来看，想要诞生新的竞争者几乎不可能，这意味着由行业巨头制定的规则将会在同一领域甚至关联领域中被默认为行规，对于有创新需求的内容创作者来说构成了前进的障碍。

第三，付费模式遭遇挑战。

还是以视频行业为例，专注长视频的腾讯、爱奇艺和优酷很早就推出了付费服务，虽然这是一种版权保护行为，但用户的认可度还不够高，加上后续推出的特殊会员服务（也被网友戏称为VIP中P）更是多次引发争议，这其实从侧面说明几大视频平台在变现上出现了问题。而短视频行业同样也面临着类似问题，在抖音提出付费观看部分视频内容以后，很多用户都表示无法接受，毕竟一段一两分钟的短视频还要收费的话，那确实不够划算。综上所述，未来内容行业的变现问题仍然需要不断探索。

2020年，中国的5G网络全面商用，这意味着内容行业会在更快的网速、更低的资费背景下得到进一步发展的空间，也意味着内容运营将产生不可限量的爆发力。那么从运营商的角度看，可以选择三个点持续发力，改写内容市场目前的尴尬处境。

第一，打造自制内容与采购内容共存局面。

正如一直被炒作的IP一样，决定自制内容和采购内容"社会等级"的关键就是是否有知名度，有受众基础的自制内容并不见得比名头响亮的采购内容更难变现，当然自制内容的孵化需要投入和时间，因此最理想的方案就是让二者并存。作为运营商就可以将重点资源倾斜向自制内容，开发属于自己的IP，而将付费用户的注意力也转移到自制内容上，引导和培养他们的消费习惯，对自制内容进行物质上的鼓励，同时也能摆脱对版权内容的依赖。

Netflix（美国奈飞公司，简称网飞）是美国目前最大的流媒体平台，也是内容领域的成功典范，过去它也一度面临着购买版权耗费巨大投入的问题，但是随着一批优质自制剧的诞生逐渐走出了困境。根据这一成功案例，国内的运营商和内容平台也可以展开合作，建立属于自己的IP项目储备。只要运营商加入进来，就能借助自身的用户基础、统计数据和受众画像帮助内容平台制作有针对性的内容项目，尽可能与市场的发展和消费者的需求保持高度的一致性，降低试错风险，生成优质、精准、持续的内容并转化为IP项目。

第二，构建差异化优势。

5G技术将给用户带来更加真实和丰富的体验，无论是视频还是图文领域都能被囊括进来，比如依托虚拟现实技术的共享影院、共享图书馆等。这种丰富性就是建立差异化优势的基础，运营商可以通过布局4K和8K的超高清视频以及VR视频作为内容储备，以此来应对逐渐走高的版权费用，而内容平台则通过宣传营销和引导推荐，让用户意识到这些观感体验更出色、沉浸感更强的内容值得付费欣赏，从而稀释用户对知名版权内容的关注度。

当然，差异化优势并非只靠营销和炒作就能实现，归根结底还是要孵化属于自己的IP内容，但这个孵化不是纵向层面的，而是结合纵向的横向发展。打个比方，运营商配合内容平台自制了一部青春校园的IP内容，除了要深度挖掘IP本身的契合人群，还要多维度开发IP内容，比如衍生出同人动漫剧、改编游戏、改编小说等，这样就会将内容的不可限量塑造成竞争优势。

第三，依托全新体验争夺用户。

在移动互联网时代，用户对内容的感知大多数是通过移动终端，而这些终端的体验痛点就是屏幕小，即便是PC端，常见的27寸、32寸显示器也不能提供给用户"巨幕观看"的震撼感觉，只有少部分用户可以依靠家中的大屏电视去获得较高的体验，而且还受制于环境限制。虽然对于部分内容来说，屏幕观感不是第一位的，但正是这种习惯也限制了内容生产者的想象力，让他们不得不认同"竖屏剧不需要构图"的客观存在。

既然5G技术会催生虚拟现实技术的爆发，那么运营商完全可以与内容平台合作，从用户的内容需求出发，提供给用户享受高清视频和虚拟视频体验，帮助智能设备生产商优化相关产品，使之与当前的网络传输环境相匹配，提供用户的观看体验，同时协调与小屏终端式设备（手机和平板电脑等）的操作关系，提供给用户一个新的体验入口，最终起到提升内容感知的作用。

第四，培养会员制消费习惯。

很多内容平台不能大范围地吸纳会员，除了内容本身不够吸引人之外，也存在着网络传输慢、流量资费过高等问题，让用户在离开免费网络的环境下不舍得去观看视频内容，在客观上缩小了受众人群和绑定深度。那么作为运营商可以通过提高网速和降低资费的方式减少用户的后顾之忧，吸引更多的普通用户成为会员，对内容生产者产生更强大的激励作用，也能提高内容平台的整体收支水平，同时强化版权意识，打击非法侵害版权的行为，进一步规范市场。

未来的传媒产业，内容深耕仍然是聚焦重点，所有从业者都不能想当然地认为5G技术会自动优化内容生态，反而要避免技术的滥用对优质内容造成"劣币驱逐良币"的情况发生。当然，想要为内容领域注入新鲜的活力，需要多方面的参与和努力，才能借助各自的优势和潜力，在合作共赢的基础上生产出差异化的内容以及相关服务，让5G时代成为传媒产业的黄金时代。

4 新媒体已露头角

5G改变了信息传播链上关于网络、终端以及信息形态在内的全部环节，让新闻从以图文为载体的传播形式转化为以视频为载体的传播形式，给媒体的发展带来了新的生机与契机。从某种角度看，5G网络颠覆了媒体组织内容生产的方式，为短视频市场的发展带来井喷式的发展机遇，起到了深度融合的作用，新媒体将在未来带给人们截然不同的全新体验。

新媒体主要是指在新技术背景下出现的媒体形态，比如数字报纸、数字广播、数字电视等，是相对于报刊、户外、广播、电视四大传统媒体之外的新媒体，因此也被称为"第五媒体"。从这个角度看，新媒体并非是具体指代某一种媒体形势，它更像是一种环境，是数字化时代延伸出来的新产物。那么，当新媒体和5G技术相结合以后，就会产生新的化学作用，让其潜藏的优势进一步发挥出来，体现在以下四个方面。

第一，新媒体让传媒信息变得更加个性化。

在传统媒体时代，人们接收到的信息都是大众化的，一份报纸上可以有国际政治也可以有家长里短，为了照顾到所有人会同时存在，但对于只钟爱其中某一类信息的人群来说，很多新闻版块是可以直接跳过的，因此这种传播方式在个性解放的时代是落后的。新媒体则不同，它可以在借助5G技术的背景下，通过大数据分析做到细分市场，通过面向个体的方式去传递信息，不仅可以知道受众喜欢国际政治，还能了解受众更关心哪些国家和地区的政治动态，做到精准化的信息投放，带给用户优质的体验。

第二，新媒体的表现形式会更加丰富多样。

借助5G技术带动的VR和AR技术，未来新媒体的传播形式将不再局限于视频，而是会升级为"虚拟场景"，既可以让受众"来到"事发地了解新闻背景，也能通过无人机的高清摄像头让受众自主操控镜头观看现场，同时配合传统图文，就能让一则新闻变成一段视频的模拟再现过程，而且还是3D立体画面，这对于提升用户的认知度是非常有帮助的。

第三，新媒体的发布速度会更快更高效。

在移动互联网时代，信息的传播速度已经远超过传统媒体的报纸、电视等形式，而借助5G技术的新媒体将真正具备无时间限制的先天优势，它可以借助强大的智能化软件呈现出时效性极致的信息内容，而且不受地域、环境等诸多条件的限制，真正让用户随时随地捕捉信息。在信息传递的过程中还可以实现强大的交互性，不仅可以发表评论还能对一些存在错误的信息进行修正，因为万物互联让每个人都拥有高度的检索信息的能力。

第四，新媒体的创作者将覆盖更广泛的人群。

从理论上讲，5G时代的新媒体将是去中心化，也就是人人都可以充当信息的发布者，人们可以一边穿戴VR设备追剧，一边检索剧集中涉及到的信息，同时还可以评论相关联的新闻内容，不用担忧一心不可二用。人工智能可以有效协调上述工作，那么在这种信息生态中，人人都有"知情权"和"发言权"，在不涉及重大事件的信息类别时，人人都可以引导其他受众关注某一类新闻，创造一种自由获取、自由阅读和自由理解的环境。

2021年11月20日，中央广播电视总台"央视频"5G新媒体平台正式上线。这是中央广播电视总台基于"5G+4K/8K+AI"等一系列新技术打造的综合性视听新媒体旗舰。据悉，"央视频"在内容上包括了泛文体、泛资讯以及泛知识三大类别，能够依靠云服务打通传统媒体的生产环节和物理空间，从内容数据到用户数据都能实现互通共享，而且还会将总台的自有优势和用户喜爱的社交方式相结合，是一个真正以开放共建的方式实现优质社会资源的整合平台。

2021年12月21日，在成都召开的"微政四川——2021政务新媒体融合发展大会"上，智能机器人"小川"公开亮相。它是一款可以发布5G消息的虚拟角色，作用是将5G信息和受众完美地连接在一起：随着短信提示音响起，现场的观众点击屏幕链接，各种特效、图像、快闪视频一键触达，数百名观众以沉浸的方式见证了四川发布的十周年历程。

未来的新媒体时代，5G消息将成为信息传递的主流，它无需下载任何APP，也不需要添加新的好友，就能实现文、图、音视频以及表情等多种消息形态的融合，让信息量最大化，让信息的拟真度最高化，展现给人们的是一个生动鲜活的信息世界。

新媒体到底能够借5G之力进化到何种程度，目前还存在着未知数，但大势已定。传统的媒介必然会面临变革和升级，而中国的文化传媒事业也会在这个新风口中获得前所未有的发展，毕竟5G的诞生就意味着一个前所未有的时代向我们开启。